国家自然科学基金青年项目（52404094）
山西省基础研究计划青年项目（202203021222088）
山西省高等教育“百亿工程”（BY2400007316）

深部回采巷道围岩黏塑性大变形机理及数值模拟方法

伊 康 著

中国矿业大学出版社
· 徐州 ·

内 容 提 要

深部回采巷道围岩大范围发生与时间有关的黏性流动和与应力调整有关的塑性流动，严重制约深部矿井安全高效开采。为揭示深部回采巷道围岩黏塑性大变形机理，以中煤新集口孜东矿 13-1 号煤回采巷道为工程背景，采用理论分析、实验室试验、数值模拟和现场实测等手段，建立了考虑围岩应变软化、扩容、流变损伤和劣化方向差异力学特性的黏弹塑性本构模型，对深部回采巷道围岩力学特性、地应力和采掘扰动影响以及峰后围岩-支护关系开展了研究。所得研究成果可为深部回采巷道变形量预测和支护设计提供理论支撑。

本书可供采矿工程及相关专业的科研与工程技术人员参考。

图书在版编目(CIP)数据

深部回采巷道围岩黏塑性大变形机理及数值模拟方法 / 伊康著. — 徐州 ：中国矿业大学出版社，2025. 2.

ISBN 978-7-5646-6654-5

Ⅰ. TD322

中国国家版本馆 CIP 数据核字第 2025KG5654 号

书　　名　深部回采巷道围岩黏塑性大变形机理及数值模拟方法
著　　者　伊　康
责任编辑　王美柱
出版发行　中国矿业大学出版社有限责任公司
　　　　　（江苏省徐州市解放南路　邮编 221008）
营销热线　(0516)83885370　83884103
出版服务　(0516)83995789　83884920
网　　址　http://www.cumtp.com　**E-mail**:cumtpvip@cumtp.com
印　　刷　苏州市古得堡数码印刷有限公司
开　　本　787 mm×1092 mm　1/16　**印张** 8　**字数** 205 千字
版次印次　2025 年 2 月第 1 版　2025 年 2 月第 1 次印刷
定　　价　38.00 元

前　言

深部回采巷道处于高地应力环境且多布置于煤层中，围岩软弱，采动影响强烈，围岩大范围发生与时间有关的黏性流动和与应力调整有关的塑性流动，严重制约深部矿井安全高效开采。为揭示深部回采巷道围岩黏塑性大变形机理，本书依托“十三五”国家重点研发计划项目“煤矿千米深井围岩控制及智能开采技术”(2017YFC0603000)，以中煤新集口孜东矿 13-1 号煤回采巷道为工程背景，采用理论分析、实验室试验、数值模拟和现场实测等手段，建立考虑围岩应变软化、扩容、流变损伤和劣化方向差异力学特性的黏弹塑性本构模型，对深部回采巷道围岩力学特性、地应力和采掘扰动影响以及峰后围岩-支护关系进行研究，得到以下主要结论：

(1) 基于深部回采巷道围岩劣化、扩容和流变效应凸显特点，指出本构模型应能描述围岩 6 个力学特性：应变软化、塑性扩容、蠕变三阶段、稳定与非稳定蠕变、流变损伤和流变扩容。建立可以描述以上力学特性的 BVS 本构模型，基于增量塑性流动理论和流变理论推导其三维增量本构方程，主要计算步骤为：假想黏弹性应力计算→黏塑性应力修正→瞬时塑性应力修正。采用 C++将 BVS 模型开发为可供 $FLAC^{3D}$ 调用的新本构模型，并给出计算流程图。基于口孜东矿泥质砂岩试验数据辨识模型参数，采用试验数据、理论解和数值计算结果相互印证的方式，对多种加载条件下单元件和多元件应力-应变响应以及力学特性进行严格校核，结果表明该模型可较好地描述深部回采巷道围岩的 6 个力学特性。

(2) 基于 BVS 模型、增量塑性流动理论和流变理论，分析应变软化、扩容与流变损伤对深部巷道围岩变形与破坏的影响以及三者间相互作用和协同效应。结果表明：应变软化使巷道围岩表面位移量和塑性区显著增大，扩容仅使围岩表面位移量略微增大，流变损伤使围岩表面位移量和塑性区随时间延长而增大。应变软化和流变损伤均导致软化参量增大，进而加快彼此进程、降低彼此启动应力；扩容导致软化参量增大，进而加快应变软化与流变损伤进程。同时考虑任意两种力学特性对围岩变形与破坏的影响要比分别考虑两种力学特性的影响之和更大，即任意两种力学特性存在协同效应，进而三种力学特性也存在协同效应。

(3) 同时考虑应变软化、扩容和流变损伤条件下，从多方面分析锚杆支护对深部巷道围岩大变形的控制作用，揭示其作用机理：提高巷道浅部围岩残余强度，加强其对深部围岩约束，抑制围岩应变软化、扩容与流变损伤，进而使巷道围岩塑性区及表面位移量显著减小。因此，在巷道开挖后应及时支护，减弱围岩劣化程度，充分发挥围岩自承能力。

(4) 制备边长为 100 mm 的立方体细砂岩试样进行考虑位移约束的真三轴试验，以模拟巷道围岩单元在轴向约束下的劣化过程，并对破裂试样进行 CT 扫描，发现试样峰后轴向强度高于面内强度，且面内破坏导致的裂纹均与轴向近似平行。结合非均质岩样数值模拟结果和现场钻孔窥视结果提出并验证围岩劣化方向差异，其机理为：巷道围岩在轴向位移约束下，裂纹难以在巷道断面内错动和扩展，而易于在平行于轴向的平面簇内错动和扩展，这些近似平行于轴向的宏观裂纹对轴向强度影响很小，但会显著降低面内强度，导致围岩劣化具有方向差异。通过设定围岩面内和轴向黏聚力不相等、面内和轴向软化参量累积变化速率不同，导出面内和轴向不同形式的屈服函数和塑性势函数，进而实现围岩劣化方向差异。

(5) 采用C++将围岩劣化方向差异作为可选模块引入BVS模型，用于深部巷道数值模拟，发现考虑围岩劣化方向差异使围岩劣化程度减弱，尤其是轴向黏聚力降幅显著减小，这导致峰后轴向屈服延迟发生，出现切向应力小于轴向应力的情况。忽略围岩劣化方向差异导致表面位移被高估，尤其是在瞬时弹塑性阶段。

(6) 基于BVS模型和增量塑性流动理论分析地应力的影响。发现随埋深增大，围岩依次呈始终未劣化→开挖一段时间后劣化并趋于稳定→开挖后即劣化并趋于稳定→开挖后即持续劣化→劣化加快、程度加深的规律。轴向地应力接近或大于侧向地应力情况下，作为最大主应力的切向应力随围岩峰后劣化而快速下降，与轴向应力曲线相交，产生沿屈服面棱边的三向塑性流动，使巷道围岩径向应变和塑性剪应变均增大，即变形量增大、劣化加快。巷道轴向与最大水平主应力方向夹角增大导致巷道顶板下沉量和塑性区深度增大，而巷帮移近量和塑性区深度呈减小趋势(非单调)，夹角对顶底板影响大于巷帮，但回采巷道煤帮强度较低，选择兼顾巷帮的15°～30°夹角为最优。

(7) 基于BVS模型，以中煤新集口孜东矿121302工作面运输巷原支护段为研究对象，进行考虑采掘过程与时间的数值模拟，以分析采掘扰动和时间的影响。计算结果表明，巷道断面距掘进工作面20 m后掘进扰动已不明显，流变逐渐成为主导因素，围岩大范围持续劣化，呈顶板下沉量较小、肩窝三角煤扩容、巷帮锚固体整体内移和剧烈底鼓的特点；底板泥岩持续鼓起驱动不断扩容的底煤挤入巷道空间，导致巷道剧烈底鼓；回采导致围岩大范围劣化，巷道断面接近闭合(未考虑现场多次起底与刷帮)；流变直接导致的底板软化参量占比≤16%，但流变是引起应力调整的主要因素之一，间接导致软化参量增大。BVS模型计算所得规律与现场监测结果较好吻合，反映了该模型对深部回采巷道变形预测较好的适用性。

(8) 深部回采巷道围岩黏塑性大变形机理：深部高地应力环境下，采掘扰动诱发围岩偏应力升高，使其应变软化、扩容、流变损伤和劣化方向差异等力学特性凸显，这些力学特性存在协同效应，共同促使围岩大范围发生与应力调整有关的塑性流动和依赖于时间的黏性流动，呈现大变形特征。

由于作者水平所限，书中难免存在不足之处，恳请读者批评指正。

著　者
2025年2月

目　录

1 绪 论

1.1 研究背景与意义

巷道是井工煤矿开采的必要通道，畅通、稳定的巷道是煤矿安全、高效开采的保障。据不完全统计，我国国有煤矿每年新掘巷道总进尺达 12 000 km[1-2]。随着我国井工煤矿开采深度逐年增加[3-6]，出现了越来越多的困难巷道，地应力高、采动影响强烈、围岩大变形、持续流变等问题日益严峻[7-10]，但现有岩石力学基础理论和支护理论尚存不足，仍需进一步研究[11-14]。

回采巷道直接为采煤工作面服务，多布置于煤层中，围岩软弱，采动影响强烈[15]。一方面，大量现场实测数据表明，回采巷道围岩变形主要产生在采掘影响阶段，但随埋深增加，流变效应逐渐凸显[16-22]；另一方面，煤矿进入深部开采后，高应力导致大范围塑性流动是围岩变形失稳的主要形式[12,23]。因此可认为，采掘扰动破坏煤岩体原始应力平衡状态，产生应力集中、应力转移等变化[24]，导致围岩大范围发生与时间有关的黏性流动和与应力调整有关的塑性流动，是深部回采巷道围岩大变形的主要原因。

为揭示深部回采巷道围岩黏塑性大变形机理，本书依托“十三五”国家重点研发计划项目“煤矿千米深井围岩控制及智能开采技术”(2017YFC0603000)，以中煤新集口孜东矿13-1 号煤层回采巷道为工程背景，采用理论分析、实验室试验、数值模拟和现场实测等手段，对深部回采巷道围岩力学特性、地应力和采掘扰动影响以及峰后围岩-支护关系进行研究，建立考虑围岩应变软化、扩容、流变损伤和劣化方向差异力学特性的黏弹塑性本构模型，以此揭示以上力学特性对巷道围岩变形与破坏的影响机理，得出地应力、采掘扰动和时间对巷道围岩变形与破坏的影响规律，明确锚杆支护对巷道围岩黏塑性大变形的控制作用。本书研究成果对深部回采巷道变形量预测和支护设计有一定借鉴价值。

1.2 国内外研究现状

1.2.1 深部回采巷道围岩变形与破坏规律

深部有多种定义。文献[25-26]指出，深部指工程岩体出现非线性物理力学现象的深度及以下区间。文献[12]指出深部是由地应力水平、采动应力状态和围岩属性共同决定的力学状态。文献[27]定义深部开采为高地应力下煤岩出现非线性力学响应的采矿活动，并指出我国煤矿临界深度约为 850～900 m。

深部岩体力学行为与浅部差异显著。文献[28-29]指出“三高一扰动”的复杂力学环境导致了这种差异。文献[13]指出深部岩体力学问题难以通过传统理论解决。文献[12,

30-31]指出深部岩体非线性力学行为较浅部更为显著，围岩在超过临界深度情况下大范围产生塑性流动。

深部巷道地应力高，采动影响强烈，围岩变形与破坏范围大，流变效应显著。文献[8-9, 24]指出深部巷道有着高应力、强采动的特点，围岩变形强烈、破坏范围大、流变效应显著，需多次修巷。文献[32]指出深部巷道围岩非线性软岩力学特性凸显，大变形与破坏现象显著，难以支护。文献[33]指出“三高一扰动”导致围岩应力远超其强度，经历“损伤扩容→剪切滑移破坏→碎胀大变形”而破坏。

通过现场实测，文献[34]指出深部回采巷道在高地应力环境下，围岩发生流变大变形。文献[35]指出巷道围岩劣化由浅及深减弱，浅层为松动圈。文献[36]指出本工作面和邻近工作面支承压力共同导致回采巷道围岩变形与破坏显著。

通过理论分析，文献[37]建立了深部动压环境下圆形巷道力学模型，认为开采动压使围岩产生蝶形塑性区的可能性增大。文献[38]研究发现采动应力控制围岩最大破坏深度方向和潜在冒落区范围。文献[39]推导了深埋巷道围岩塑性区计算公式，发现深部巷道受采动影响显著，很小的采动影响也可能引起围岩严重塑性破坏。文献[40]指出采动影响使巷道煤帮垂直应力升高、水平应力降低，这种效应随巷高增大而更为显著，导致帮部煤体破坏。文献[41]研究发现本工作面支承压力与邻近工作面支承压力叠加，使回采巷道超前段围岩变形与破坏加剧。文献[42]研究发现深部软岩巷道呈现顶板显著离层、巷帮非对称移近和大幅底鼓的特点。文献[43]建立了回采巷道围岩力学模型，提出了深埋非对称巷道支护准则，并优化了回采巷道支护参数，现场应用良好。

通过相似材料模拟试验，文献[44-45]指出深部静水压力巷道掘进后呈现“径向应变拉压交替分布”的特点，围岩应力集中系数超过2后发生非线性大变形。文献[46]对回采巷道掘进期间围岩应力变化规律进行分析，得出“竖向加载-倾向卸荷-走向应变不变”的规律。

通过数值模拟，文献[47]揭示了回采巷道掘进、支护与采动应力场演化过程以及三者间的相互作用。文献[48]揭示了深部半煤岩回采巷道围岩变形失稳机理，发现巷帮偏应力随煤层倾角增大而增大，仅煤体明显变形。文献[49]指出在深部矿井中，巷道掘进会对邻近巷道造成显著影响，加剧其围岩变形与破坏，因此应对相邻巷道支护进行补强。文献[50]指出偏应力增大和主应力旋转使蝶叶偏向回采巷道顶板，若支护不当则易导致蝶叶型冒顶。文献[51]指出煤层群回采过程中，下行开采下伏回采巷道受扰动最小，围岩最稳定。文献[52]指出工作面采动影响使巷道高偏应力第二不变量分布带数值增加、范围扩大。

以上研究表明，高地应力和强采动影响共同导致深部回采巷道围岩严重破坏，发生以塑性流动为主的大变形，而流变效应随埋深增加逐渐凸显。

1.2.2 煤岩应变软化与扩容行为研究

1.2.2.1 煤岩样应变软化与扩容行为研究

大量实验室试验和现场观测[53-56]表明，与理想弹塑性和弹-脆-塑性模型相比，应变软化模型对岩石材料峰后行为描述更为准确。应变软化过程中，岩体强度参数随塑性变形（通常用塑性剪应变描述）增大而退化，从而导致屈服面收缩。图1-1在主应力空间内，以M-C准则为例描述了这种现象（假设内摩擦角φ恒定为25°）。

扩容行为与岩体变形与破坏密切相关[57-59]，大量三轴试验表明，岩体扩容角显著依赖

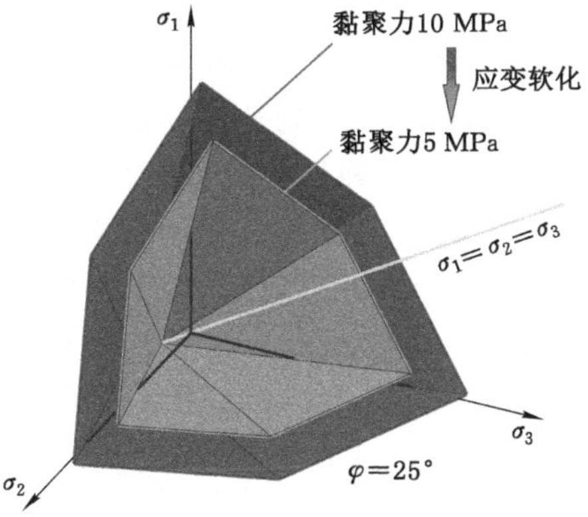

图 1-1 应变软化导致 M-C 屈服面收缩示意(压为正)

于围压与塑性剪应变,且随围压与塑性剪应变的增大呈非线性减小[60-65]。

在试验研究方面,文献[66]选取砂岩为研究对象,对多种加载条件下的劣化过程进行研究,建立了岩石的轴向裂纹闭合、扩展和张开模型。文献[67]对花岗岩进行了单轴和常规三轴压缩试验,发现围压对岩石变形特性有显著影响。文献[68]研究发现恒围压轴向加载、恒轴压侧向卸荷和轴向加载侧向卸荷下煤样有着不同的破坏形式与裂纹形态。文献[69]对砂岩试件开展试验,发现随围压增大,其峰值应力、峰值应变及残余强度均增大,低围压下弹性模量也增大。文献[70]通过分析三轴压缩循环加卸载试验数据,发现加载面随塑性应变呈现"三段式不等向硬化"现象。文献[71]研究发现保持体应力不变条件下,随中间主应力系数增大,砂岩扩容起点呈递减趋势,峰值强度逐渐降低,剪切破坏面倾角呈线性增大。文献[72]研究发现大理岩扩容点随循环加卸载次数增加而前移。文献[73]研究发现极弱胶结岩样破坏前后具有显著扩容特性,且围压会抑制峰后扩容。

在理论分析方面,文献[74]针对煤体,建立由非均质函数、损伤应力-应变函数、黏聚力函数和扩容角函数组成的塑性应变损伤模型。文献[75]针对泥岩,建立了考虑围压效应的弹塑性应变软化本构模型,可较好地描述岩石峰后非线性力学行为,与现场实际情况吻合。文献[76]指出岩石在应变能达到其阈值时开始扩容。文献[77]建立了黏聚力和内摩擦角同围压的关系,并以最大主应变作为软化参量,提出考虑岩石峰后效应的应力-应变关系模型。文献[78]通过分析加速蠕变阶段与峰后段的联系,建立加速蠕变应变软化指标,并以此为基础提出一种以应变软化指标为基础的岩石非线性蠕变模型。文献[79]按未损伤、损伤和微缺陷对岩石进行分类,建立考虑岩石初始破裂的应变软化模型。文献[80]基于大量前人研究成果,指出岩石峰后阶段内摩擦角可认为近似不变。

在数值模拟方面,文献[81]采用插入应变软化单元的方法,改进了 DDA 对岩体力学特性的描述,模拟所得破裂路径与参考解相近。

以上研究表明,应变软化与扩容是客观存在的岩石峰后行为,与岩石变形与破坏密切相关,在理论分析与数值模拟中应正确考虑。大量研究一致认为,扩容依赖于岩石塑性变形和围压,但对应变软化过程中内摩擦角是否显著变化存在争议。

1.2.2.2 巷道围岩应变软化与扩容行为研究

如上所述,应变软化模型可准确反映大多岩石材料的峰后行为,被广泛应用于巷道变形与破坏分析。

为得到应变软化围岩巷道的解析解，文献[82]和文献[83]提出两种将圆形巷道围岩划分为同心圆环的方法，前者以等径向应力增量划分，后者以等切向应变增量划分，这两种划分方法成为大量研究的理论计算基础。文献[84]将塑性区划分为有限数量的同心圆环，利用流动法则和胡克定律求解微分方程，得到圆形巷道围岩应力和位移分布。文献[85]将围岩划分为若干同心圆环，考虑了中间主应力和非线性扩容的影响，发现统一强度理论计算所得位移量较 M-C 准则的小。文献[86]将应变软化围岩塑性区划分为有限个圆环，基于 M-C 准则改进了逐步应力分析法。文献[87]在进行圆形巷道分析时，同时考虑塑性剪应变和围压对扩容角的影响，给出应变软化围岩巷道的差分解，并指出临界塑性剪应变与扩容角会互相产生影响。

在理论分析方面，文献[88]考虑围压对临界塑性剪应变的影响，提出可变围压模型和判断岩体是否从塑性软化状态向残余状态转移的准则。文献[89]针对弹性应变软化围岩圆形巷道，用一阶常微分方程代替应力平衡方程、本构方程和相容方程，采用 Runge-Kutta 方法给出应力和位移的相似解。文献[90]研究认为脆塑性岩体应变软化可视为应力跌落。文献[91]研究发现剪切模量对残余半径和软化半径的影响较小，但对岩体变形的影响较大。文献[92]将初始轴向应力引入弹性本构方程，通过重新定义塑性内变量，实现轴向塑性流动，可以更合理、更严格地预测巷道围岩变形。文献[93]考虑不同应力条件下随软化参量变化的扩容角，给出地应力和支护压力作为随机变量时对巷道围岩破坏概率的影响。文献[94]认为支护阻力和强度劣化比增大使巷道围岩塑性区半径减小，而扩容角增大使塑性区半径增大。文献[95]将围岩划分为“浅支承层”和“深支承层”，前者内部的“关键支承层”起主要承载作用。文献[96]研究发现在塑性流动区内，围岩应力相对较小，但其应变非常大，流动区围岩应变可达软化区应变的数十倍。文献[97]基于 D-P 准则推导了应变软化围岩巷道各分区应力、位移和半径的封闭解析解。文献[98]引入应变软化度，给出求解软化区与残余区位移的方程，发现随着软化度增加，软化区范围增大，残余区范围减小。文献[99]采用应变梯度和连续损伤理论构建了巷道围岩分区破裂软化模型。文献[100]研究认为深部巷道围岩弹性模量、黏聚力、内摩擦角和扩容角等力学参数均可定义为围压和塑性剪应变的函数。文献[101]构建了可以描述极弱胶结岩体应变软化与扩容特性的力学模型，并给出这些力学特性的影响。文献[102]研究证实了岩体应变软化过程中内摩擦角几乎不变、黏聚力显著减小的特性。文献[103]指出扩容对围岩表面位移和塑性区半径影响较大，应重点考虑。

在数值模拟方面，文献[104]将 Weibull 函数引入 FLAC^{3D} 内置应变软化模型，对逐步开挖马蹄形巷道进行分析，发现均质性较差的围岩破坏较严重，分区破裂化显著。文献[105]采用数值模拟方法，得到 M-C 准则、H-B 准则和广义 H-B 准则下应变软化围岩圆形巷道的数值解。文献[106]考虑岩体应变软化行为，得到满足线性 M-C 准则和非线性 H-B 准则的巷道围岩塑性区范围及应力与应变分布。文献[107]基于广义双剪应力屈服准则，采用 MATLAB 得到应变软化巷道围岩应力与变形的数值解。文献[108]研究发现对于质量较差的岩体，扩容效应在接近巷道围岩表面时急剧增强，扩容角随支护压力增大而先减小后增大。文献[109]采用数值模拟研究发现中间主应力使巷道围岩塑性区和表面位移减小。文献[110]采用非均质应变软化模型得到内摩擦角对围岩应变局部化的影响。文献[111]基于应变软化模型，给出回采巷道围岩偏应力与塑性区的变化规律。文献[112]将应变能方程插入 FLAC^{3D}内置应变软化模型，基于此指出围岩耗散能集中区与破坏位置基本吻合。

以上研究表明，考虑应变软化与扩容可以很好地描述巷道围岩力学行为，在深部高应力条件下尤为如此。因为问题的复杂性，现有理论分析多针对圆形巷道，简化扩容角的变化规律；数值模拟可以很好地解决这些问题，但应变软化与扩容对数值计算结果的影响机理有待进一步研究。

1.2.3 煤岩流变效应研究

1.2.3.1 煤岩流变损伤研究

岩石流变效应与工程长期稳定性密切相关[113]。岩石在外力持续作用下，宏观裂纹不断萌生与扩展，发生流变损伤，其承载能力逐渐减弱直至破坏[114-117]。

在试验研究方面，文献[118]开展了不同含水率软岩三轴蠕变试验，发现初始和稳态蠕变值均随含水率升高而增大。文献[119]认为水化学作用使红砂岩损伤加速、蠕变效应加强。文献[120]对泥质粉砂岩进行分级增量加载试验，发现其蠕变软化特征明显，蠕变损伤因子随应力水平和时间增加呈明显增长趋势。文献[121]采用三轴蠕变试验，给出温度对片麻状花岗岩蠕变特征的影响。文献[122]研究指出围压 0、10 和 20 MPa 条件下，煤岩蠕变断裂面逐渐由解理断裂转变为穿晶断裂。文献[123]结合电镜扫描，从宏观与细观角度给出渗流对砂岩蠕变损伤的影响规律。文献[124]将蠕应变分解为黏弹性和黏塑性应变，岩石黏弹性应变-时间曲线属第一蠕变阶段，而黏塑性应变-时间曲线属第一、第二甚至第三蠕变阶段。文献[125]研发了水-力耦合作用的流变损伤试验机，可对软岩劣化全程进行无损多尺度观测。文献[126]对红砂岩进行蠕变声发射定位试验，得出微裂纹萌生主要出现在第一蠕变阶段，微裂纹成核出现在第二蠕变阶段，而微裂纹贯通发生于第三蠕变阶段。

很多学者建立了针对不同岩性的流变损伤本构模型。文献[127]建立了考虑损伤的蠕变模型，用于描述温度影响下的花岗岩蠕变规律。文献[128]采用改进 Burgers 体、Hooke 体和 St. Venant 体，提出可描述高应力环境下软岩损伤过程的流变模型。文献[129]建立了引入分形导数的流变模型，可反映花岗岩各蠕变阶段规律。文献[130]在盐岩蠕变试验基础上，建立了基于变阶分数导数和损伤力学的流变模型。文献[131]在修正 M-C 强度准则基础上，建立考虑损伤的黏弹塑性蠕变模型，可描述黏质岩流变和渗流行为。文献[132]基于应变能理论和 Burgers 模型，提出流变损伤模型，计算结果与试验规律一致。文献[133]建立了可反映加卸载蠕变行为的非线性流变本构模型。文献[134]在花岗岩蠕变试验数据基础上，基于最小耗能理论提出弹性损伤方程并修正非线性损伤流变本构模型。文献[135]基于 Perzyna 黏弹塑性理论和应变能理论，提出能反映岩石蠕变三阶段的本构模型。文献[136]将损伤引入弹性和黏性元件，建立可反映软岩稳定蠕变过程的本构模型。文献[137]通过引入初始损伤参量，提出可描述损伤岩样加速蠕变的力学元件，建立可描述蠕变三阶段的本构模型。文献[138]将 Burgers 模型中黏性元件改进为非定常元件，以描述岩样的加速蠕变现象。文献[139]基于泥岩试验结果，建立了考虑岩石应变硬化、应变软化、流变和损伤的本构模型。文献[140]认为岩石屈服面随时间收缩，提出考虑损伤的蠕变模型。文献[141]基于非线性流变和连续损伤理论，提出可反映岩石损伤过程和非线性变形的蠕变本构模型。文献[142]采用弹塑性损伤元件改进 Kelvin 模型，建立可描述岩石第三蠕变阶段的本构模型。文献[143]给出各蠕变阶段临界点指标，提出考虑岩石加速蠕变现象的流变损伤本构模型。文献[144]基于松弛时间提出分数阶变阶方程，以此建立考虑损伤的蠕变本构模型，可描述岩石蠕变全过程。文献[145-146]通过引入过应力差与时间乘积的概念以描述岩石加速蠕变特性。

在数值模拟方面，文献[147]建立可供 $FLAC^{3D}$ 调用的三维横观各向同性岩体损伤流变本构模型，对调压井群施工期和运行期围岩稳定性进行研究，给出其各阶段变形量预测。文献[148]基于硬化损伤理论，对 $FLAC^{3D}$ 中 Cvisc 模型进行二次开发，该模型可描述岩石蠕变三阶段，围岩变形量计算结果与实测值相近。

以上研究揭示了流变损伤宏观和细观的规律和机理，通过引入或改进力学元件建立了大量成熟的流变损伤模型，为本书研究提供了坚实基础，但多针对煤岩样，用于巷道围岩计算的较少。

1.2.3.2 *煤岩峰后流变效应研究*

深部高地应力环境下，巷道开挖后围岩即出现峰后区并不断扩展，该范围内破裂岩体流变效应是导致围岩长期变形的主要因素之一[149-151]。

(1) 煤岩样峰后流变效应研究

在试验研究方面，文献[152]对破裂大理岩和砂岩进行蠕变试验，结果表明蠕变破坏时间均在 10 min 以内。文献[153]研究指出围压增大使峰后岩样蠕变破坏时间大幅增加，直至趋于稳定蠕变。文献[154]对红砂岩进行峰后蠕变试验，指出蠕变速率随岩样破裂程度加深而降低，蠕变破坏时间随岩样破裂程度加深而缩短。文献[155]在峰后红砂岩三轴蠕变试验规律的基础上，指出其等速和加速蠕变较为明显，径向蠕变速率高于轴向。文献[156-157]基于峰后红砂岩单轴蠕变试验数据，指出峰后岩样蠕变破坏强度离散性小，平均达到瞬时强度的 89.73%；加载速率越小，峰后蠕变岩样局部弱化特征越明显，但以主控破裂面压剪失稳为主。文献[158]基于深部泥岩短时蠕变数据，指出其峰后蠕变失稳强度为峰前的 95.72%，但蠕变破坏时间很短、可靠性低。文献[159]研究指出裂纹萌生、扩展和贯通导致峰后破裂岩样应力松弛。文献[160]对煤岩体进行三轴渗流蠕变试验，发现应力和渗流作用使峰后裂隙先张开后闭合。文献[161]对峰后砂岩进行蠕变试验，发现破裂砂岩呈现与完整岩样一致的蠕变失稳规律，可用改进的西原模型描述。文献[162]介绍了一种高应力真三轴岩石流变仪，研究给出了中间主应力对硬岩峰前和峰后流变行为的影响。

一些学者建立了峰后流变本构模型，文献[163]建立了加速蠕变损伤和峰后应变软化间的关系，提出一种以应变软化参量为基础的非线性流变模型。文献[164-165]基于峰后破裂砂岩蠕变试验数据，提出一种可描述其损伤特性的流变模型。文献[166]在 M-C 强度准则和 Burgers 模型的基础上考虑累计损伤演化率，提出一种考虑损伤的蠕变本构模型。

以上研究表明，煤岩峰后流变行为也可用常规流变模型描述，但与完整煤岩样相比，其蠕变速率较大，失稳时间较短，失稳强度较低。

(2) 巷道围岩峰后流变效应研究

在理论分析方面，文献[167]基于 Bingham 模型，给出围岩弹性区和塑性区蠕变方程，指出围岩流变范围随时间延长逐渐向深部扩展，应力峰值不断向深部转移。文献[168]基于 D-P 强度准则和 Levy-Mises 方程，给出圆形巷道围岩应力场和位移场的解析解。文献[169]提出采用遗传算法与神经网络分析现场监测数据以辨识蠕变参数的方法。文献[170]在分析巷道围岩扩容和蠕变力学行为的基础上，将围岩分为 4 个区域，并给出各区域半径、应力和位移的计算式。

在数值模拟方面，文献[171]采用 $FLAC^{3D}$ 对煤矿运输巷顶板高抽巷进行分析，给出采动应力环境下巷道围岩的长期稳定性预测结果。文献[172]基于数值模拟结果，指出卸压钻孔导致围岩破碎程度增加，稳速蠕变时间缩短，不利于巷道稳定。文献[173]基于深部巷道 $FLAC^{3D}$ 数值模拟结果，给出渗流-应力耦合下围岩流变与损伤规律。文献[174]采用 BKS 蠕变模型对口孜东矿巷道进行分析，发现蠕变破坏范围已超出锚杆支护范围，围岩呈分区破裂形态。文献[175]建立了由伯格斯体和应变软化塑性体串联组成的流变本构模型，并结合 $FLAC^{3D}$ 得到高应力环境下软岩巷道围岩变形与破坏特征。

通过相似材料模拟试验，文献[176]指出锚固岩体流变规律与无支护岩体不同，其变形量较小、等速蠕变阶段较长且承载能力较强。

以上研究表明，深部高地应力环境下，巷道围岩峰后区较大，应考虑围岩的峰后流变效应，此外，流变效应也会使峰后区随时间延长而逐渐扩大。

1.2.4　巷道峰后围岩-支护关系研究

针对锚杆支护机理，文献[177-179]提出巷道锚杆支护围岩强度强化理论，指出岩体经锚固后，其峰值和残余强度均提高，特别是残余强度。文献[180]研究指出锚杆可抑制巷道围岩离层、滑动、裂纹萌生与扩展等现象，提高其自承能力。文献[181]指出高强、高预紧力、高延伸率锚杆支护可显著增强巷道围岩承载能力。文献[182-183]指出恒阻大变形锚杆早已成功应用于软岩工程，但其加固机理尚不清楚。

在理论分析方面，文献[184]基于中性点理论，发现锚杆杆体表面应力随围岩残余强度增大而减小，随扩容角和强度劣化比增大而增大。文献[185]指出锚杆支护使应变软化围岩塑性区和表面位移大幅减小。文献[186]给出巷道围岩应力、位移和塑性区半径解，基于此指出加强破碎区支护可显著减小围岩塑性区与变形量。文献[187]指出恒定锚杆工作阻力下，锚固范围增大使围岩表面位移、残余区和应变软化区均增大。文献[188]提出一种以灌浆锚杆中性点为关键，求解应变软化围岩圆形巷道应力和位移的简单方法。文献[189]在已有经验公式基础上，提出输入地质参数与地质强度指数 GSI 的相关关系，并采用非线性回归方法得到临界支护压力与地应力间的关系。文献[190-191]基于三轴试验，提出理想弹塑性-应变软化损伤四阶段本构模型 EPSDM。当支护阻力完全释放时，与弹脆塑性模型 EBM、弹性-应变软化模型 ESM 和理想弹塑性模型 EPM 相比，围岩塑性区半径和表面位移大小顺序均可归纳为 EBM＞ESM＞EPSDM＞EPM。文献[192]针对应变软化围岩巷道，给出基于进化多项式回归确定岩体 GRC 的方法，可准确计算支护阻力。文献[193]介绍了基于深部巷道围岩松动圈理论的多种围岩控制技术。文献[194]提出深部巷道全空间协同控制技术，其主要思想为通过锚网索耦合作用大幅提高围岩强度。

在数值模拟方面，文献[195]采用 $FLAC^{3D}$ 流变本构模型对高应力软岩巷道进行分析，发现围岩变形与破坏难以完全消除。文献[196]研究发现采用应变软化模型计算所得支护阻力显著高于 M-C 模型，且支护系统初期稳定性决定其长期稳定性。文献[197]建立了锚杆加固应变软化岩体数值模型，发现考虑锚杆支护条件下围岩塑性区应力升高。文献[198]通过应变软化围岩巷道数值模拟，给出围岩应变分布规律，并建立了围岩应变与支护压力、GSI、初始应力和临界软化参数间的关系。文献[199]研究发现在锚固体峰后软化阶段，锚杆轴力和弯矩显著增大。

在现场实测方面，文献[200]通过对比现场不同支护参数下监测结果，指出一次支护使巷道围岩处于低变形速率力学平衡状态，二次支护抑制围岩进一步劣化。文献[201]通过现场监测，认为锚杆一般存在于严重破坏的围岩中，未能发挥其全部支护能力，是巷道围岩承载结构失效的主要原因。

通过相似材料模拟试验，文献[202]得出在三轴加载情况下，峰后锚固体载荷呈升高、稳定和下降的变化规律，此外，载荷稳定期间出现多次峰值。

以上研究表明，锚杆支护可提高围岩强度，特别是峰后强度，使围岩充分发挥自承能力，进而使围岩表面位移和塑性区深度大幅减小，但锚杆对深部巷道围岩大变形的控制机理有待进一步研究。

1.2.5 存在的问题

针对深部回采巷道围岩大变形问题，国内外学者在围岩变形与破坏规律、煤岩应变软化与扩容行为、煤岩流变效应以及峰后围岩-支护关系等方面已做了大量研究，为本书研究提供了坚实的理论与实践基础，但仍存在一些需要解决的问题。

(1) 深部回采巷道围岩的复杂力学响应需要用更全面的本构模型描述。

一方面，深部回采巷道围岩软弱，受采动影响剧烈，导致塑性区范围显著增大，塑性区内岩体作为巷道承载主体，其峰后力学行为应得到准确考虑；另一方面，虽然回采巷道服务年限较短，但随埋深增大，围岩逐渐凸显的流变效应不可忽略。

大多流变模型着重描述煤岩样在试验机恒载或分级加载条件下的应力-应变关系，特别是加速蠕变阶段(第三蠕变阶段)，而忽略煤岩样蠕变破坏后的力学响应，在应用于深部巷道分析时难以描述围岩峰后行为。一些流变模型引入不依赖时间的应变软化塑性体以考虑围岩的峰后行为，但对蠕变三阶段、稳定与非稳定蠕变、流变损伤、应变软化和扩容行为的描述不够完善。

(2) 应变软化、扩容行为和流变效应间的相互作用，以及三者对巷道围岩变形与破坏计算结果的协同效应鲜有报道。

对于应变软化模型，常将岩体力学参数定义为软化参量的函数，在峰后阶段随软化参量累积而逐渐退化；扩容行为一般采用扩容角描述，已有研究表明扩容角依赖软化参量和围压[61]；流变效应定义为应力-应变与时间有关的现象[203]。根据增量塑性流动理论和流变理论[204-205]，应变软化和扩容行为对围岩峰后塑性流动起控制作用，计算过程中考虑应变软化将导致围岩软化参量增大，围压降低，进而改变扩容角；考虑扩容行为将导致围岩软化参量增大，进而加速应变软化；考虑流变效应一方面导致峰前围岩持续损伤，在未达到瞬时强度[203]的情况下提前进入峰后区，即应变软化提前启动，另一方面导致峰后围岩持续变形，应力持续调整，扩容角不断变化。这表明应变软化、扩容行为和流变效应三者间存在相互作用，而这三者均会使巷道围岩变形与破坏加剧，因此三者对围岩变形与破坏计算结果存在协同效应，如图 1-2 所示。

(3) 轴向地应力的影响仍需进一步研究。

深埋巷道问题常被简化为平面应变问题，认为切向应力和径向应力分别为最大和最小主应力，而轴向应力往往不被关注[95,97-98]。针对轴向地应力影响的研究成果较少：文献[206]基于 M-C 准则理想弹塑性模型，指出轴向地应力超过一定临界值后，将对计算结果产生影响，并将此定义为“准平面应变问题”；文献[207]基于 M-C 准则弹脆塑性模型，认为强

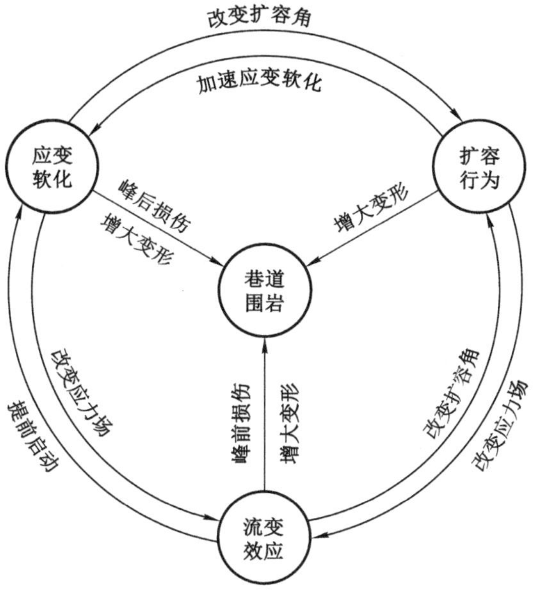

图 1-2 应变软化、扩容行为和流变效应间的相互作用及协同效应

度脆性跌落越大或轴向地应力与面内地应力差值越大，轴向地应力影响越显著；文献[208]基于统一强度准则弹脆塑性模型，指出轴向地应力会影响硐室围岩破裂区域和范围，且在不同侧向地应力条件下影响不同。文献[209]指出，轴向地应力有时会成为最大主应力，导致围岩破坏。文献[92]研究发现轴向地应力作为最大主应力时，会引起轴向塑性流动，导致围岩劣化。

以上研究仅指出在特定地应力组合下，轴向地应力可能成为 σ_1，导致围岩破坏。但考虑应变软化条件，根据理论分析和数值模拟结果，轴向地地应力接近切向地应力情况下，即使轴向地应力不作为 σ_1，围岩在峰后也会出现 $\sigma_1=\sigma_2>\sigma_3$ 的情况，发生轴向地应力参与控制的三向塑性流动，如图 1-3 所示（图中 σ_v、σ_h 和 σ_a 分别为垂直、水平和轴向地应力，扫描图中二维码获取彩图，下同）。此时轴向地应力对巷道围岩变形与破坏计算结果影响显著。

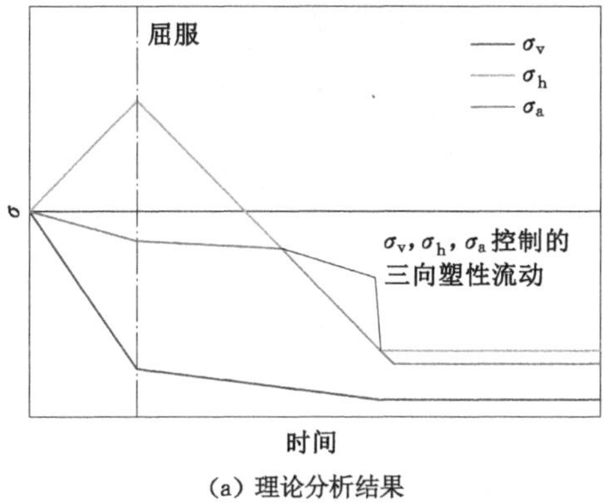

(a) 理论分析结果

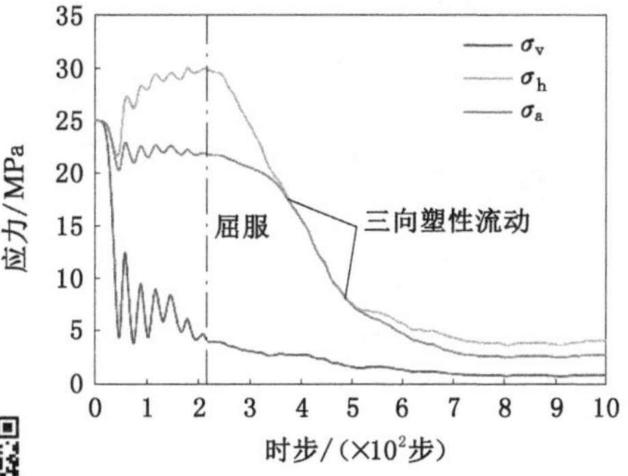

(b) 数值模拟结果

图 1-3 深部矩形巷道顶板中部围岩应力路径（平面应变模型）

(4) 未考虑巷道围岩劣化在不同方向的差异。

从理论分析角度来看,深埋巷道问题可简化为平面应变问题[203],而平面应变问题的特点之一是巷道围岩轴向正应变为0,存在轴向位移约束。文献[61]基于岩石微观力学观点[210-212],指出岩石应变软化是裂纹错动和扩展的结果。如图1-4所示,巷道围岩在轴向位移约束情况下,裂纹难以在巷道断面内错动和扩展,而易于在平行于轴向的平面簇内错动和扩展。根据文献[213]提出的单节理岩体模型和基于此的多节理岩体模型[214-215],这些近似平行于轴向的宏观裂纹对轴向强度影响很小,但会显著降低面内强度。因此,巷道围岩劣化具有方向差异。

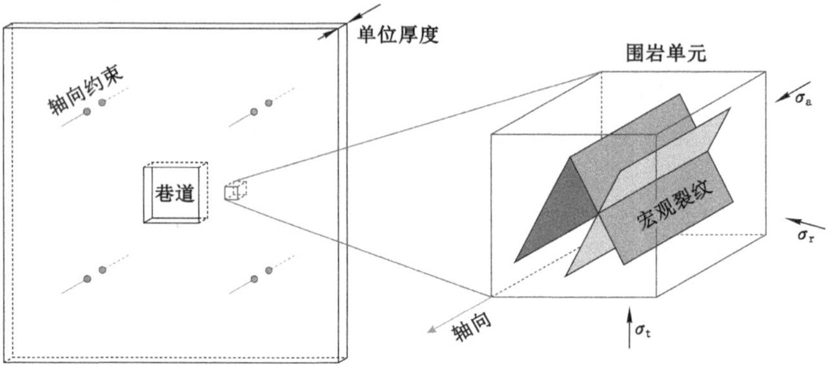

图1-4　巷道围岩内平行于轴向的宏观裂纹

从数值模拟结果来看,采用引入非均质性的FLAC^{3D}应变软化模型,无侧限轴向加载(单轴压缩)、单侧限轴向加载(对应巷道围岩轴向约束,切向加载)和单侧限按简化应力路径加卸载(对应巷道围岩轴向约束,切向加载,径向卸荷,考虑应力初值)三种条件下,岩样剪切带如图1-5所示,与"裂纹难以在巷道断面内错动和扩展,而易于在平行于轴向的平面簇内错动和扩展"的结论一致。

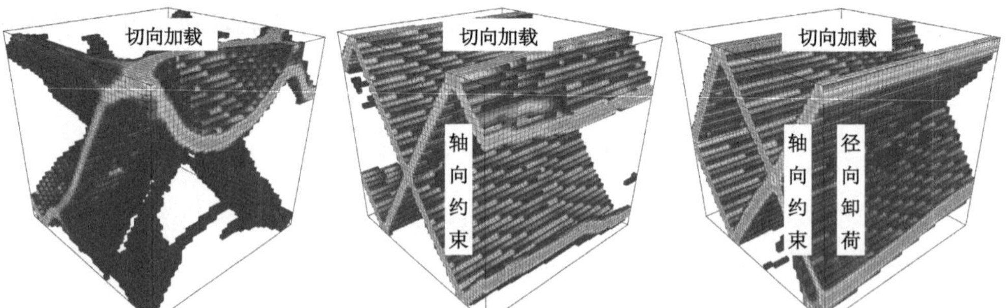

(a) 无侧限轴向加载　　(b) 单侧限轴向加载　　(c) 单侧限按简化应力路径加卸载

图1-5　非均质岩样剪切带(最大剪应变>0.01的网格)

从现场观测结果来看,以乡宁申南凹煤矿020202工作面运输巷为例,埋深770 m,围岩软弱,在掘进阶段已出现支护失效、围岩大变形的情况。典型钻孔窥视结果如图1-6所示,在围岩浅部峰后区,大多数裂纹所在平面与巷道轴向近似平行,表明围岩劣化存在方向差异。

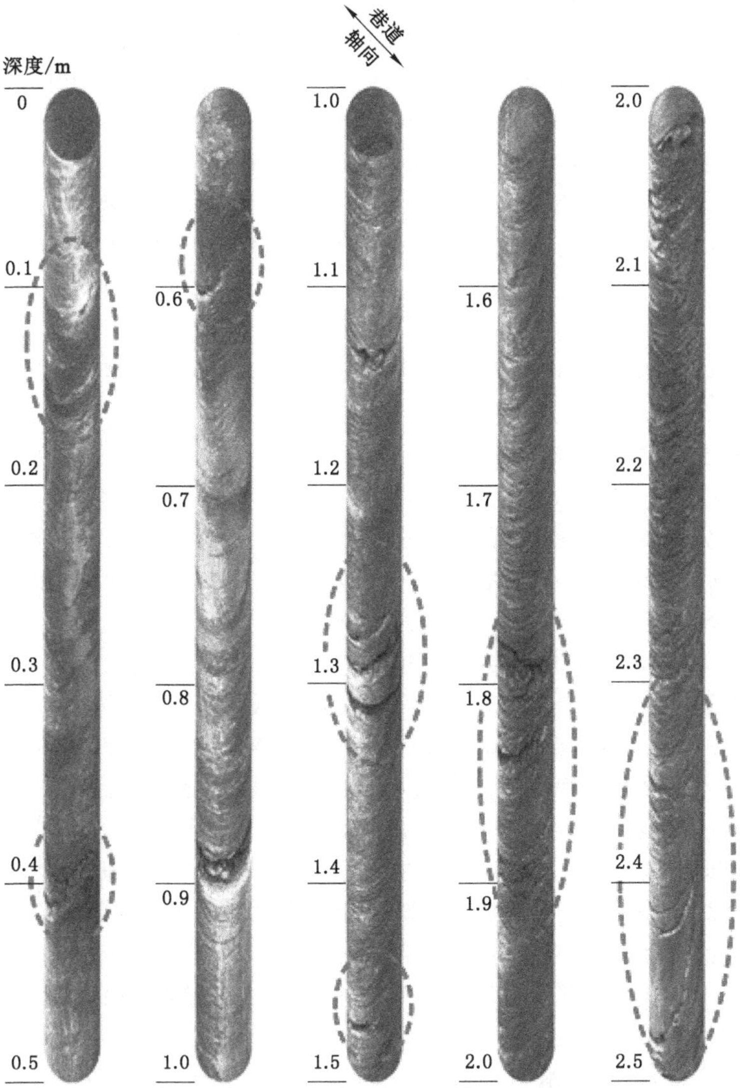

图 1-6 乡宁申南凹煤矿 020202 工作面运输巷距掘进工作面 390 m 处顶板窥视结果

(5) 锚杆支护控制围岩大变形机理有待进一步研究。

锚杆已广泛应用于煤矿巷道支护,对围岩控制效果显著。国内外学者提出了多种锚杆支护理论,但锚杆支护控制围岩大变形机理有待进一步研究,特别是对围岩流变和扩容的抑制作用尚未明确。

1.3 研究内容、方法与技术路线

1.3.1 主要研究内容与方法

为揭示深部巷道围岩黏塑性大变形机理,针对国内外研究现存问题,以中煤新集口孜东矿 13-1 号煤回采巷道为工程背景,开展以下研究。

（1）建立适用于深部回采巷道的黏弹塑性本构模型。

针对深部回采巷道围岩变形与破坏特征和规律，选取适当的流变元件和与时间无关的应变软化塑性体组成黏弹塑性模型。在前人研究基础上，对流变元件和塑性体进行修正，以描述围岩的蠕变三阶段、稳定与非稳定蠕变、流变损伤、应变软化和扩容行为。基于增量塑性流动理论和流变理论，推导模型三维本构方程，并采用C++在$FLAC^{3D}$中进行二次开发，得到可用于数值计算的本构模型。基于模型三维本构方程推导模型参数辨识公式，结合口孜东矿岩样蠕变试验数据进行参数辨识。采用理论计算结果、数值计算结果和试验数据相互印证的方式，在多种加载条件下对模型各元件和整体进行严格校核，以确保模型开发和编译正确。

（2）分析应变软化、扩容和流变损伤对深部巷道围岩变形与破坏计算结果的影响，三者间的相互作用以及三者的协同效应。

基于研究内容(1)建立的本构模型，采用理论分析手段并辅以数值模拟验证，分析应变软化、扩容和流变损伤三者分别对巷道围岩变形与破坏计算结果的影响；分析三者间的相互作用，如应变软化会导致软化参量增大、围压减小，进而影响扩容角的变化规律，改变扩容进程；三者均会使巷道围岩变形与破坏加剧，三者之间也存在相互作用，因此三者存在协同效应，需对此进行分析。

（3）提出、验证和分析巷道围岩劣化的方向差异。

基于深部巷道围岩边界条件和现场钻孔窥视观测到的裂纹特殊分布规律，提出围岩劣化方向差异。采用真三轴电液伺服试验机对边长为 100 mm 的立方体砂岩试样进行加载，模拟分析围岩单元在轴向约束下的劣化过程，从面内和轴向强度差异的角度验证围岩劣化方向差异。对试验后破裂岩样进行 CT 扫描，观察裂纹形态与方向，从裂纹分布规律的角度验证围岩劣化方向差异。将围岩劣化方向差异作为可选模块引入研究内容(1)建立的本构模型，用于提高深部巷道平面应变模型计算精度。采用理论分析和数值模拟手段，分析围岩劣化方向差异对深部巷道围岩变形与破坏的影响。

（4）分析锚杆支护对深部巷道围岩应变软化、扩容和流变损伤的抑制作用，从新的角度解释锚杆支护的作用机理。

基于研究内容(1)建立的本构模型，在同时考虑应变软化、扩容和流变损伤条件下，对比无支护和锚杆支护下巷道围岩表面位移、塑性区、黏聚力、扩容角和主应力张量，以及顶板下沉量变化规律、径向应变分布、软化参量变化规律和应力路径，从多方面分析锚杆支护对深部巷道围岩大变形的控制作用，揭示其作用机理。

（5）千米深井回采巷道围岩变形与破坏影响因素研究。

基于研究内容(1)～(4)，在考虑围岩应变软化、扩容行为、流变效应和劣化方向差异的情况下，采用理论分析和数值模拟手段分析埋深、轴向地应力、水平地应力比值和巷道轴向与最大水平主应力方向夹角对回采巷道围岩变形与破坏的影响；以中煤新集口孜东矿121302 工作面运输巷原支护段为研究对象，分析采掘扰动和时间对巷道围岩变形特征、运移规律和劣化进程的影响，并与现场监测结果对比，以检验本书所建立本构模型的正确性与适用性。

1.3.2 技术路线

本书研究技术路线如图 1-7 所示。

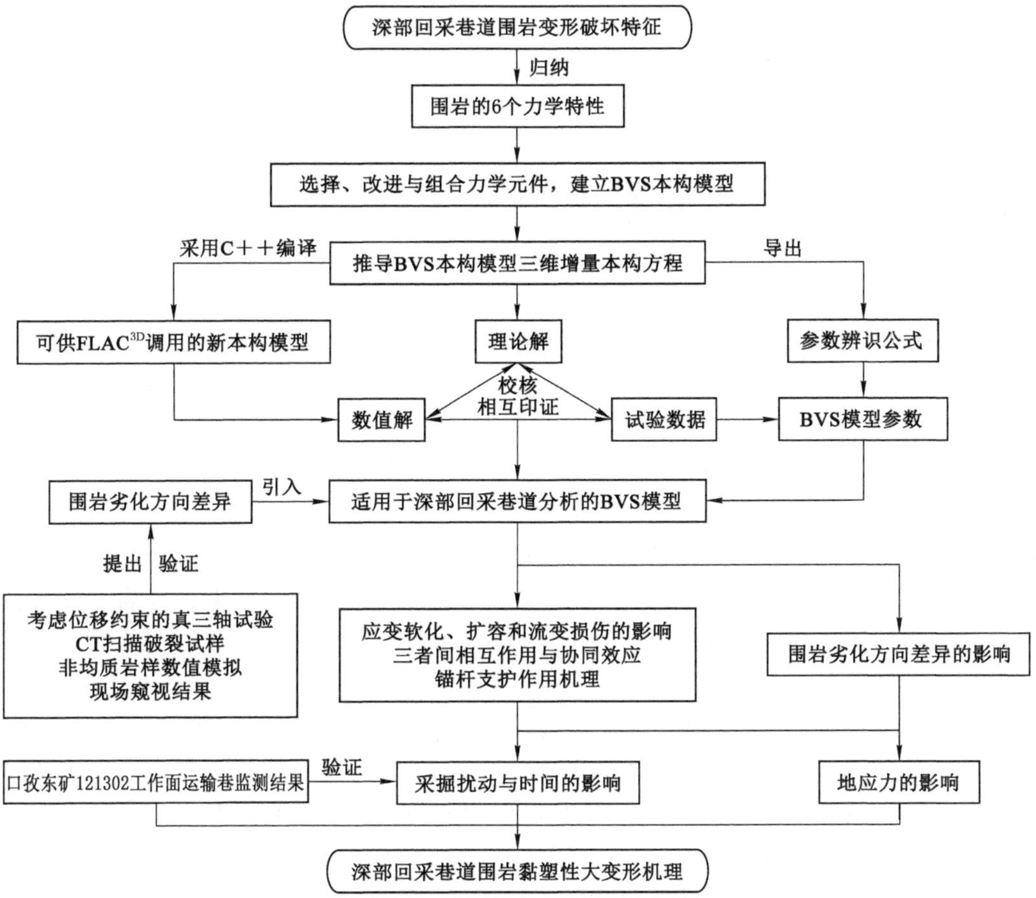

图 1-7　本书研究技术路线

2 描述深部回采巷道围岩力学特性的本构模型

2.1 深部回采巷道围岩力学特性

如前所述，高地应力、围岩软弱和强烈采动影响是深部回采巷道围岩大变形的主要原因，导致围岩劣化、扩容和流变效应凸显[216]。

巷道围岩劣化有两方面原因[216]：一是温度、风和水引起的物理化学弱化；二是应力引起的裂纹萌生与扩展。在深部回采巷道高地应力和强烈采动影响下，后者成为主导因素，因此本书仅考虑应力引起的围岩劣化，忽略物理化学弱化作用。应力引起的围岩劣化可分为依赖塑性变形的应变软化和依赖时间的流变损伤，前者在瞬时屈服时发生，后者发生在载荷高于长期强度的情况下。

巷道围岩扩容是其变形过程中体积膨胀的现象，可分为塑性扩容（为与流变扩容区分，将增量塑性流动理论[204]中的扩容称为塑性扩容）和流变扩容。塑性扩容主要发生在峰后阶段[217]，仅与应力调整导致的塑性变形有关，与时间无关；流变扩容在煤岩破坏前也非常显著[140]，与应力状态和时间有关。

巷道围岩流变效应主要体现在两方面：一是围岩变形随时间延长而增大，涉及蠕变三阶段、稳定和非稳定蠕变和流变扩容；二是围岩强度随时间延长而劣化，即流变损伤，这导致围岩在载荷低于瞬时强度的情况下逐渐破坏，弹塑性交界随时间延长而深移。

综上，适用于深部回采巷道分析的本构模型应能描述如图 2-1 所示的围岩力学特性：

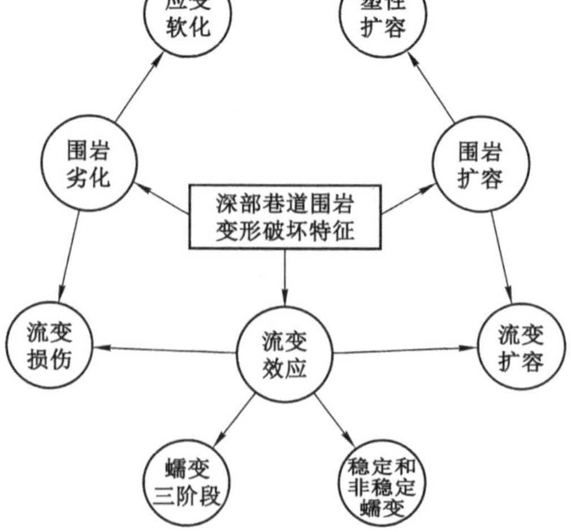

图 2-1 深部巷道围岩变形、破坏特征与力学特性

（1）应变软化；
（2）塑性扩容；
（3）减速蠕变、等速蠕变和加速蠕变；
（4）稳定与非稳定蠕变；
（5）流变损伤；
（6）流变扩容。

2.2 本构模型元件改进与组合

一方面，探明并合理描述整条巷道围岩内不连续面的分布和力学性质是非常困难的，从而致使块裂介质岩体力学理论难以应用；另一方面，采用连续介质力学理论可满足很多岩体工程的精度要求[218]。在非地质构造影响区域，巷道围岩内不连续面尺度与工程尺度之比很小，因此采用连续介质力学理论进行分析是合理的。作为固体力学分支学科的岩体力学，其主导本构规律无外乎弹性、塑性和黏性本构规律[218]，因此可采用改进这些本构规律对应的基本力学元件并组合的方法，描述2.1节中深部回采巷道围岩的力学特性。

虽然弹性变形量在深部巷道围岩变形量中占比微小，但弹性性质贯穿围岩变形与破坏始末，弹性参数在塑性流动和流变变形计算中也发挥着重要作用，不可忽视。因此，服从广义胡克定律的胡克体应作为本构模型的元件之一。

对于不依赖时间且主要发生在峰后的应变软化与塑性扩容，可采用应变软化塑性体描述。塑性本构关系涉及屈服条件、一致性条件和流动法则。应变软化使屈服条件不断减弱，即屈服面收缩，如图1-1所示；塑性扩容在应用扩容角 $\psi>0°$ 的非关联流动法则时发生。

在蠕变三阶段中，减速蠕变可采用由胡克体与牛顿体并联而成的凯尔文体描述；等速蠕变可采用牛顿体或由牛顿体与塑性体并联而成的理想黏塑性体描述，后者在前者的基础上考虑蠕变启动应力；加速蠕变的实现方式多样，主要有构建非线性元件，建立蠕变参数与时间或应力的函数关系，以及引入损伤力学理论3种方式[78]。

如图2-2所示，非稳定蠕变在载荷高于长期强度的情况下发生，反之发生稳定蠕变[203]，这涉及两个问题：一是非稳定蠕变过程中岩体强度随时间延长而劣化，直至低于载荷发生破坏，即流变损伤；二是稳定蠕变过程中，变形随时间延长而趋于极限。对于第一个问题，可采用将应变软化塑性体屈服条件与由载荷超过长期强度而产生的流变变形关联起来的方法解决。由载荷超过长期强度而产生的流变变形可采用改进的黏塑性体描述，其中塑性体强度代表岩体长期强度。对于第二个问题，可根据蠕变终止曲线理论导出模型中自由牛顿体（直接串联在模型中，无并联胡克体或塑性体限制）的限制条件，以解决稳定蠕变存在上限值的问题。

根据前人研究成果，流变损伤有两个显著特点：一是在载荷高于长期强度的情况下发生[219]，二是损伤在减速和等速蠕变阶段缓慢累积，导致加速蠕变启动，而损伤主要发生在加速蠕变阶段[140,166,220-221]，如图2-2所示。此外，加速蠕变起点损伤量与常规压缩峰值点对应损伤量近似相等[78]，即减速和等速蠕变阶段损伤量与常规加载峰前损伤量相对应，而加速蠕变阶段损伤量与常规加载峰后损伤量相对应。因此，加速蠕变与流变损伤密不可分。结合上文对流变损伤的讨论，可将黏塑性体中塑性体强度设为长期强度，黏塑性体变形量作为流变损伤参量。当损伤参量累积至某一阈值后，黏塑性体中牛顿体黏度开始随损伤参量

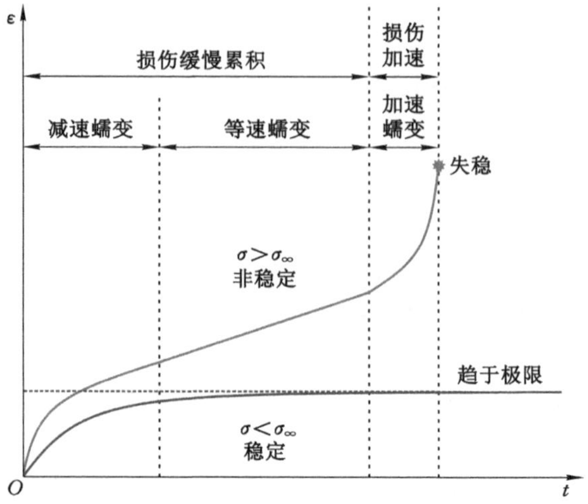

图 2-2　稳定与非稳定蠕变

增大而减小，考虑损伤岩样有着更低的长期强度[161]，黏塑性体中塑性体强度也开始随损伤参量增大而减小，这两方面因素共同导致加速蠕变显现；与此同时，应变软化塑性体屈服面随损伤参量增大而收缩，实现了流变损伤。

与流变损伤一样，流变扩容也发生在载荷高于长期强度的情况下[124]，因此可采用黏塑性体描述。流变扩容与塑性扩容都反映了围岩体积膨胀的现象，不同的是前者与时间有关。如前所述，在应变软化塑性体中应用扩容角 $\psi>0°$ 的非关联流动法则会产生塑性扩容，那么在黏塑性体中应用相似的流动法则可实现流变扩容。

综上，适用于深部回采巷道分析的黏弹塑性本构模型应由以下元件串联组成，如图 2-3 所示。

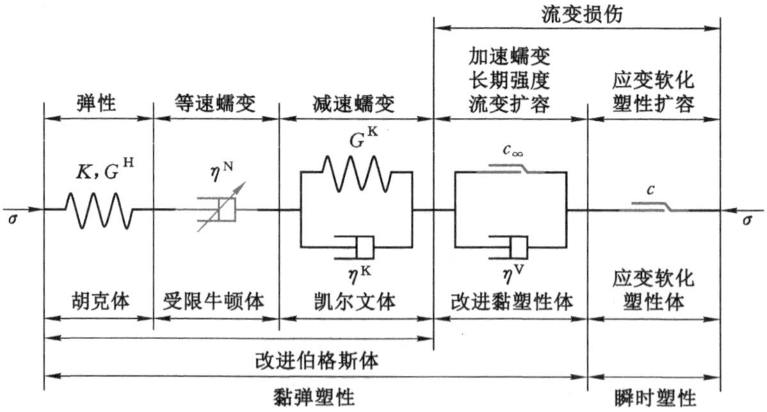

图 2-3　BVS 模型元件组成（红色代表改进的元件）

（1）胡克体；

（2）受蠕变终止曲线理论限制的牛顿体（下文简称受限牛顿体）；

（3）凯尔文体；

(4) 改进黏塑性体；

(5) 应变软化塑性体。

因该模型可视为由改进的伯格斯(Burgers)体、改进的黏塑性(viscoplastic)体和应变软化(strain softening)塑性体串联组成，在本书中简称 BVS 模型。

2.3 BVS 模型三维增量本构方程

2.3.1 应力与应变分解

黏塑性体和应变软化体涉及路径依赖性，因此 BVS 模型采用增量形式的本构方程。建立增量本构方程的目的是根据已知应力张量 $\boldsymbol{\sigma}_{ij}^{\mathrm{O}}$ 和已知应变增量张量 $\Delta\boldsymbol{\varepsilon}_{ij}$，输出新应力张量 $\boldsymbol{\sigma}_{ij}^{\mathrm{C}}$[222]。其中，$i=x,y,z$；$j=x,y,z$。

BVS 模型中受限牛顿体和凯尔文体仅有偏应力-偏应变响应，而其余部分均存在球应力-球应变和偏应力-偏应变响应。因此，将应力和应变张量分解为球量和偏量分别讨论。

$$\boldsymbol{\sigma}_{ij} = \boldsymbol{s}_{ij} + \boldsymbol{\sigma}_{\mathrm{m}}\delta_{ij} \tag{2-1}$$

$$\boldsymbol{\varepsilon}_{ij} = \boldsymbol{e}_{ij} + \boldsymbol{\varepsilon}_{\mathrm{m}}\delta_{ij} \tag{2-2}$$

式中 $\boldsymbol{\sigma}_{ij}$ ——应力张量；

$\boldsymbol{s}_{ij}$ ——偏应力张量；

$\boldsymbol{\sigma}_{\mathrm{m}}$ ——球应力；

$\boldsymbol{\varepsilon}_{ij}$ ——应变张量；

$\boldsymbol{e}_{ij}$ ——偏应变张量；

$\boldsymbol{\varepsilon}_{\mathrm{m}}$ ——球应变；

δ_{ij} ——克罗内克符号，$i=j$ 时 $\delta_{ij}=1$，其余情况为 0。

根据组合体串联性质，胡克体、受限牛顿体、凯尔文体、改进黏塑性体和应变软化塑性体的应力均等于组合体应力 $\boldsymbol{\sigma}_{ij}$，应变之和等于组合体应变 $\boldsymbol{\varepsilon}_{ij}$。对组合体应变 $\boldsymbol{\varepsilon}_{ij}$ 按元件分解：

$$\boldsymbol{\varepsilon}_{ij} = \boldsymbol{\varepsilon}_{ij}^{\mathrm{H}} + \boldsymbol{\varepsilon}_{ij}^{\mathrm{N}} + \boldsymbol{\varepsilon}_{ij}^{\mathrm{K}} + \boldsymbol{\varepsilon}_{ij}^{\mathrm{V}} + \boldsymbol{\varepsilon}_{ij}^{\mathrm{S}} \tag{2-3}$$

式中 $\boldsymbol{\varepsilon}_{ij}^{\mathrm{H}}$、$\boldsymbol{\varepsilon}_{ij}^{\mathrm{N}}$、$\boldsymbol{\varepsilon}_{ij}^{\mathrm{K}}$、$\boldsymbol{\varepsilon}_{ij}^{\mathrm{V}}$、$\boldsymbol{\varepsilon}_{ij}^{\mathrm{S}}$ ——胡克体、受限牛顿体、凯尔文体、改进黏塑性体和应变软化塑性体的应变张量。

2.3.2 元件球应力-球应变响应

如前所述，组合体中仅胡克体、改进黏塑性体和应变软化塑性体有球应力-球应变响应。参照式(2-1)对 3 个元件进行应变分解，可将式(2-3)改写为球应变率的形式：

$$\dot{\varepsilon}_{\mathrm{m}} = \dot{\varepsilon}_{\mathrm{m}}^{\mathrm{H}} + \dot{\varepsilon}_{\mathrm{m}}^{\mathrm{V}} + \dot{\varepsilon}_{\mathrm{m}}^{\mathrm{S}} \tag{2-4}$$

式中 $\dot{\varepsilon}_{\mathrm{m}}^{\mathrm{H}}$、$\dot{\varepsilon}_{\mathrm{m}}^{\mathrm{V}}$、$\dot{\varepsilon}_{\mathrm{m}}^{\mathrm{S}}$ ——胡克体、改进黏塑性体和应变软化塑性体的球应变率。

根据增量塑性流动理论和流变理论[204-205]，可导出各元件球应力-球应变响应。

对于胡克体：

$$\dot{\varepsilon}_{\mathrm{m}}^{\mathrm{H}} = \frac{\dot{\sigma}_{\mathrm{m}}}{3K} \tag{2-5}$$

式中，$\dot{\sigma}_{\mathrm{m}}$ 为球应力率；K 为体积模量。

对于改进黏塑性体(本节按理想黏塑性体分析,加速蠕变、流变损伤和流变扩容的实现在 2.4 节介绍),因涉及强度准则和流动法则,可在主应力空间写出其应变率与球应变率:

$$\dot{\varepsilon}_k^{\mathrm{V}} = \frac{< f_\infty >}{2\eta^{\mathrm{V}}} \frac{\partial g_\infty}{\partial \sigma_k} \tag{2-6}$$

$$\dot{\varepsilon}_{\mathrm{m}}^{\mathrm{V}} = \frac{\dot{\varepsilon}_1^{\mathrm{V}} + \dot{\varepsilon}_2^{\mathrm{V}} + \dot{\varepsilon}_3^{\mathrm{V}}}{3} \tag{2-7}$$

式中,$\dot{\varepsilon}_k^{\mathrm{V}}$ 为改进黏塑性体应变率($k=1,2,3$);$\dot{\varepsilon}_{\mathrm{m}}^{\mathrm{V}}$ 为改进黏塑性体球应变率;$\dot{\varepsilon}_1^{\mathrm{V}}$、$\dot{\varepsilon}_2^{\mathrm{V}}$、$\dot{\varepsilon}_3^{\mathrm{V}}$ 为改进黏塑性体最大、中间和最小主应变率;η^{V} 为改进黏塑性体黏度;f_∞,g_∞ 为改进黏塑性体的屈服函数和塑性势函数;$< f_\infty >$ 为 f_∞ 的开关函数,$f_\infty > 0$ 时 $< f_\infty > = f_\infty$,其余情况为 0。

对于应变软化塑性体(本节按理想塑性体分析,应变软化与塑性扩容的实现在 2.4 节介绍),也涉及强度准则和流动法则,其主应变率与球应变率为:

$$\dot{\varepsilon}_k^{\mathrm{S}} = \dot{\lambda} \frac{\partial g}{\partial \sigma_k} \tag{2-8}$$

$$\dot{\varepsilon}_{\mathrm{m}}^{\mathrm{S}} = \frac{\dot{\varepsilon}_1^{\mathrm{S}} + \dot{\varepsilon}_2^{\mathrm{S}} + \dot{\varepsilon}_3^{\mathrm{S}}}{3} \tag{2-9}$$

式中,$\dot{\varepsilon}_k^{\mathrm{S}}$ 为应变软化塑性体应变率($k=1,2,3$);$\dot{\varepsilon}_{\mathrm{m}}^{\mathrm{S}}$ 为应变软化塑性体球应变率;$\dot{\varepsilon}_1^{\mathrm{S}}$、$\dot{\varepsilon}_2^{\mathrm{S}}$、$\dot{\varepsilon}_3^{\mathrm{S}}$ 分别为应变软化塑性体最大、中间和最小主应变率;$\dot{\lambda}$ 为一个由一致性条件确定的数随时间的变化率,在下文介绍。

2.3.3 元件偏应力-偏应变响应

如前所述,组合体中 5 个元件均有偏应力-偏应变响应。参照式(2-2)对 5 个元件进行应变分解,可将式(2-3)改写为偏应变率的形式:

$$\dot{e}_{ij} = \dot{e}_{ij}^{\mathrm{H}} + \dot{e}_{ij}^{\mathrm{N}} + \dot{e}_{ij}^{\mathrm{K}} + \dot{e}_{ij}^{\mathrm{V}} + \dot{e}_{ij}^{\mathrm{S}} \tag{2-10}$$

式中,$\dot{e}_{ij}^{\mathrm{H}}$,$\dot{e}_{ij}^{\mathrm{N}}$,$\dot{e}_{ij}^{\mathrm{K}}$,$\dot{e}_{ij}^{\mathrm{V}}$、$\dot{e}_{ij}^{\mathrm{S}}$ 分别为胡克体、受限牛顿体、凯尔文体、改进黏塑性体和应变软化塑性体的偏应变率。

根据增量塑性流动理论和流变理论[204-205],可导出每个元件的偏应力-偏应变响应。

对于胡克体:

$$\dot{e}_{ij}^{\mathrm{H}} = \frac{\dot{s}_{ij}}{2G^{\mathrm{H}}} \tag{2-11}$$

式中,$\dot{s}_{ij}$ 为偏应力率;G^{H} 为胡克体剪切模量。

对于受限牛顿体(本节按牛顿体分析,蠕变终止曲线的限制在 2.4 节介绍):

$$\dot{e}_{ij}^{\mathrm{N}} = \frac{s_{ij}}{2\eta^{\mathrm{N}}} \tag{2-12}$$

式中,η^{N} 为受限牛顿体黏度。

对于凯尔文体:

$$s_{ij} = 2\eta^{\mathrm{K}} \dot{e}_{ij}^{\mathrm{K}} + 2G^{\mathrm{K}} e_{ij}^{\mathrm{K}} \tag{2-13}$$

式中，η^{K} 为凯尔文体黏度；G^{K} 为凯尔文体剪切模量。

对于改进黏塑性体(本节按理想黏塑性体分析，加速蠕变、流变损伤和流变扩容的实现在 2.4 节介绍)，根据应变分解定义，可由式(2-6)和式(2-7)给出其偏应变率：

$$\dot{e}_k^{\mathrm{V}} = \dot{\varepsilon}_k^{\mathrm{V}} - \dot{\varepsilon}_{\mathrm{m}}^{\mathrm{V}} \tag{2-14}$$

式中，$\dot{e}_k^{\mathrm{V}}$ 为改进黏塑性体偏应变率。

对于应变软化塑性体(本节按理想塑性体分析，应变软化与塑性扩容的实现在 2.4 节介绍)，根据应变分解定义，可由式(2-8)和式(2-9)给出其偏应变率：

$$\dot{e}_k^{\mathrm{S}} = \dot{\varepsilon}_k^{\mathrm{S}} - \dot{\varepsilon}_{\mathrm{m}}^{\mathrm{S}} \tag{2-15}$$

式中，$\dot{e}_k^{\mathrm{S}}$ 为应变软化塑性体偏应变率。

2.3.4 假想黏弹性应力

对于黏弹塑性模型，可先假设输入的应变增量 $\Delta\boldsymbol{\varepsilon}_{ij}$ 为黏弹性的，由此计算应力增量，结合输入的应力张量 $\boldsymbol{\sigma}_{ij}^{\mathrm{O}}$ 得到假想黏弹性应力张量 $\boldsymbol{\sigma}_{ij}^{\mathrm{I}}$[222]，之后经黏塑性与瞬时塑性修正输出新应力张量 $\boldsymbol{\sigma}_{ij}^{\mathrm{C}}$。本小节由各元件应力-应变响应导出 BVS 模型假想黏弹性应力计算方法。

将式(2-4)、式(2-5)和式(2-10)至式(2-13)写为差分形式，以代入 $\boldsymbol{\sigma}_{ij}^{\mathrm{O}}$ 与 $\boldsymbol{\sigma}_{ij}^{\mathrm{C}}$。

$$\Delta\varepsilon_{\mathrm{m}} = \Delta\varepsilon_{\mathrm{m}}^{\mathrm{H}} + \Delta\varepsilon_{\mathrm{m}}^{\mathrm{V}} + \Delta\varepsilon_{\mathrm{m}}^{\mathrm{S}} \tag{2-16}$$

$$\Delta\sigma_{\mathrm{m}} = 3K\Delta\varepsilon_{\mathrm{m}}^{\mathrm{H}} \tag{2-17}$$

$$\Delta e_{ij} = \Delta e_{ij}^{\mathrm{H}} + \Delta e_{ij}^{\mathrm{N}} + \Delta e_{ij}^{\mathrm{K}} + \Delta e_{ij}^{\mathrm{V}} + \Delta e_{ij}^{\mathrm{S}} \tag{2-18}$$

$$\Delta s_{ij} = 2G^{\mathrm{H}}\Delta e_{ij}^{\mathrm{H}} \tag{2-19}$$

$$\frac{s_{ij}^{\mathrm{O}} + s_{ij}^{\mathrm{C}}}{2}\Delta t = 2\eta^{\mathrm{N}}\Delta e_{ij}^{\mathrm{N}} \tag{2-20}$$

$$\frac{s_{ij}^{\mathrm{O}} + s_{ij}^{\mathrm{C}}}{2}\Delta t = 2\eta^{\mathrm{K}}\Delta e_{ij}^{\mathrm{K}} + 2G^{\mathrm{K}}\,\frac{e_{ij}^{\mathrm{KO}} + e_{ij}^{\mathrm{KC}}}{2}\Delta t \tag{2-21}$$

式中　$\Delta\varepsilon_{\mathrm{m}}$、$\Delta\varepsilon_{\mathrm{m}}^{\mathrm{H}}$、$\Delta\varepsilon_{\mathrm{m}}^{\mathrm{V}}$、$\Delta\varepsilon_{\mathrm{m}}^{\mathrm{S}}$——组合体、胡克体、改进黏塑性体和应变软化塑性体的球应变增量；

Δe_{ij}、$\Delta e_{ij}^{\mathrm{H}}$、$\Delta e_{ij}^{\mathrm{N}}$、$\Delta e_{ij}^{\mathrm{K}}$、$\Delta e_{ij}^{\mathrm{V}}$、$\Delta e_{ij}^{\mathrm{S}}$——组合体、胡克体、受限牛顿体、凯尔文体、改进黏塑性体和应变软化塑性体的偏应变增量；

$\Delta\sigma_{\mathrm{m}}$、$\Delta s_{ij}$——球应力增量和偏应力增量；

s_{ij}^{O}、s_{ij}^{C}——已知偏应力和新偏应力；

Δt——时间步长；

e_{ij}^{KO}、e_{ij}^{KC}——已知凯尔文体偏应变和新凯尔文体偏应变。

联立式(2-16)和式(2-17)可得球应力增量 $\Delta\sigma_{\mathrm{m}}$ 的计算式：

$$\Delta\sigma_{\mathrm{m}} = 3K(\Delta\varepsilon_{\mathrm{m}} - \Delta\varepsilon_{\mathrm{m}}^{\mathrm{V}} - \Delta\varepsilon_{\mathrm{m}}^{\mathrm{S}}) \tag{2-22}$$

则新球应力 $\sigma_{\mathrm{m}}^{\mathrm{C}}$ 可由已知球应力 $\sigma_{\mathrm{m}}^{\mathrm{O}}$ 和球应力增量 $\Delta\sigma_{\mathrm{m}}$ 相加得到：

$$\sigma_{\mathrm{m}}^{\mathrm{C}} = \sigma_{\mathrm{m}}^{\mathrm{O}} + 3K(\Delta\varepsilon_{\mathrm{m}} - \Delta\varepsilon_{\mathrm{m}}^{\mathrm{V}} - \Delta\varepsilon_{\mathrm{m}}^{\mathrm{S}}) \tag{2-23}$$

由式(2-21)可以导出新凯尔文体偏应变 e_{ij}^{KC} 的计算式：

$$e_{ij}^{\mathrm{KC}} = \frac{1}{A}\left[Be_{ij}^{\mathrm{KO}} + \frac{\Delta t}{4\eta^{\mathrm{K}}}(s_{ij}^{\mathrm{O}} + s_{ij}^{\mathrm{C}})\right] \tag{2-24}$$

$$A = 1 + \frac{G^{K}\Delta t}{2\eta^{K}} \tag{2-25}$$

$$B = 1 - \frac{G^{K}\Delta t}{2\eta^{K}} \tag{2-26}$$

联立式(2-18)至式(2-20)和式(2-24)可得新偏应力 s_{ij}^{C} 的计算式：

$$s_{ij}^{C} = \frac{1}{X}\left[\Delta e_{ij} - \Delta e_{ij}^{V} - \Delta e_{ij}^{S} + Ys_{ij}^{O} - \left(\frac{B}{A} - 1\right)e_{ij}^{KO}\right] \tag{2-27}$$

$$X = \frac{1}{2G^{H}} + \frac{\Delta t}{4}\left(\frac{1}{\eta^{N}} + \frac{1}{A\eta^{K}}\right) \tag{2-28}$$

$$Y = \frac{1}{2G^{H}} - \frac{\Delta t}{4}\left(\frac{1}{\eta^{N}} + \frac{1}{A\eta^{K}}\right) \tag{2-29}$$

假设输入的应变增量张量 $\Delta\boldsymbol{\varepsilon}_{ij}$ 为黏弹性的，则 $\Delta\varepsilon_{m}$ 和 Δe_{ij} 也为黏弹性的，$\Delta\varepsilon_{m}^{V}$、$\Delta\varepsilon_{m}^{S}$、$\Delta e_{ij}^{V}$ 和 Δe_{ij}^{S} 均为 0，由式(2-23)和式(2-27)可得到假想黏弹性球应力 $\boldsymbol{\sigma}_{m}^{I}$ 和假想黏弹性偏应力张量 $\boldsymbol{s}_{ij}^{I}$ 的计算式：

$$\boldsymbol{\sigma}_{m}^{I} = \boldsymbol{\sigma}_{m}^{O} + 3K\Delta\boldsymbol{\varepsilon}_{m} \tag{2-30}$$

$$\boldsymbol{s}_{ij}^{I} = \frac{1}{X}\left[\Delta\boldsymbol{e}_{ij} + Y\boldsymbol{s}_{ij}^{O} - \left(\frac{B}{A} - 1\right)\boldsymbol{e}_{ij}^{KO}\right] \tag{2-31}$$

根据式(2-1)的应力分解规则，假想黏弹性应力张量 $\boldsymbol{\sigma}_{ij}^{I}$ 可由假想黏弹性偏应力张量 $\boldsymbol{s}_{ij}^{I}$ 和假想黏弹性球应力 $\boldsymbol{\sigma}_{m}^{I}$ 相加得到：

$$\boldsymbol{\sigma}_{ij}^{I} = \boldsymbol{s}_{ij}^{I} + \boldsymbol{\sigma}_{m}^{I}\delta_{ij} \tag{2-32}$$

2.3.5 黏塑性应力修正

M-C 准则具有参数物理意义明确和便于工程应用的特点[61,74,223]，广泛应用于研究与工程，因此 BVS 模型中长期强度与瞬时强度均采用该准则计算。将长期强度对应的黏聚力、屈服函数和塑性势函数分别定义为长期黏聚力 c_{∞}、长期屈服函数 f_{∞} 和长期塑性势函数 g_{∞}。对假想黏弹性应力张量 $\boldsymbol{\sigma}_{ij}^{I}$ 求特征值，可得到假想黏弹性主应力 $\sigma_{k}^{I}(k = 1,2,3)$，则：

$$f_{\infty} = \sigma_{1}^{I} - \sigma_{3}^{I}N_{\varphi} - 2c_{\infty}\sqrt{N_{\varphi}} \tag{2-33}$$

$$g_{\infty} = \sigma_{1}^{I} - \sigma_{3}^{I}N_{\psi} \tag{2-34}$$

式中　σ_{1}^{I}、σ_{3}^{I} ——假想黏弹性最大和最小主应力；

φ、ψ ——内摩擦角和扩容角；

N_{α} ——变换函数，$N_{\alpha}=(1+\sin\alpha)/(1-\sin\alpha)$。

将式(2-6)写为差分形式，并代入 σ_{k}^{I}，可得改进黏塑性体流动法则的增量形式：

$$\Delta\varepsilon_{k}^{V} = \frac{\langle f_{\infty} \rangle}{2\eta^{V}}\frac{\partial g_{\infty}}{\partial\sigma_{k}^{I}}\Delta t \tag{2-35}$$

若假想黏弹性主应力 σ_{k}^{I} 使 $f_{\infty}>0$，根据式(2-34)和式(2-35)可知 $\Delta\varepsilon_{m}^{V}$ 和 Δe_{ij}^{V} 不全为 0，这表明应变增量张量 $\Delta\boldsymbol{\varepsilon}_{ij}$ 的黏弹性假设有误差，应进行黏塑性应力修正。根据式(2-34)和式(2-35)，在主应力空间导出改进黏塑性体主应变增量 $\Delta\varepsilon_{k}^{V}$ $(k=1,2,3)$：

$$\Delta\varepsilon_{1}^{V} = \frac{\langle f_{\infty} \rangle}{2\eta^{V}}\Delta t \tag{2-36}$$

$$\Delta\varepsilon_{2}^{V} = 0 \tag{2-37}$$

$$\Delta\varepsilon_3^{\mathrm{V}} = -\frac{< f_\infty >}{2\eta^{\mathrm{V}}} N_\psi \Delta t \tag{2-38}$$

式中，$\Delta\varepsilon_1^{\mathrm{V}}$、$\Delta\varepsilon_2^{\mathrm{V}}$、$\Delta\varepsilon_3^{\mathrm{V}}$ 分别为改进黏塑性体最大、中间和最小主应变。

根据球应变和偏应变定义，由式(2-36)至式(2-38)可得到改进黏塑性体球应变增量 $\Delta\varepsilon_{\mathrm{m}}^{\mathrm{V}}$ 和偏应变增量 Δe_k^{V} $(k=1,2,3)$。

$$\Delta\varepsilon_{\mathrm{m}}^{\mathrm{V}} = \frac{\Delta\varepsilon_1^{\mathrm{V}} + \Delta\varepsilon_2^{\mathrm{V}} + \Delta\varepsilon_3^{\mathrm{V}}}{3} \tag{2-39}$$

$$\Delta e_k^{\mathrm{V}} = \Delta\varepsilon_k^{\mathrm{V}} - \Delta\varepsilon_{\mathrm{m}}^{\mathrm{V}} \tag{2-40}$$

在主应力空间改写式(2-23)和式(2-27)(此处不考虑瞬时塑性应力修正，瞬时塑性应变为 0)，可得到考虑黏塑性应变的球应力 $\sigma_{\mathrm{m}}^{\mathrm{V}}$ 和偏应力 $s_k^{\mathrm{V}}(k=1,2,3)$ 表达式：

$$\sigma_{\mathrm{m}}^{\mathrm{V}} = \sigma_{\mathrm{m}}^{\mathrm{O}} + 3K(\Delta\varepsilon_{\mathrm{m}} - \Delta\varepsilon_{\mathrm{m}}^{\mathrm{V}}) \tag{2-41}$$

$$s_k^{\mathrm{V}} = \frac{1}{X}\left[\Delta e_k - \Delta e_k^{\mathrm{V}} + Y s_k^{\mathrm{O}} - \left(\frac{B}{A} - 1\right) e_k^{\mathrm{KO}}\right] \tag{2-42}$$

将假想黏弹性球应力 $\boldsymbol{\sigma}_{\mathrm{m}}^{\mathrm{I}}$ 和假想黏弹性偏应力张量 $\boldsymbol{s}_{ij}^{\mathrm{I}}$ 的计算式(2-30)和式(2-31)在主应力空间改写，并与式(2-41)和式(2-42)对比，可得黏塑性球应力和偏应力修正公式：

$$\sigma_{\mathrm{m}}^{\mathrm{V}} = \sigma_{\mathrm{m}}^{\mathrm{I}} - 3K\Delta\varepsilon_{\mathrm{m}}^{\mathrm{V}} \tag{2-43}$$

$$s_k^{\mathrm{V}} = s_k^{\mathrm{I}} - \frac{1}{X}\Delta e_k^{\mathrm{V}} \tag{2-44}$$

将式(2-43)和式(2-44)相加，可得黏塑性应力修正后的主应力 σ_k^{V} $(k=1,2,3)$ 计算式，其中 $\Delta\varepsilon_{\mathrm{m}}^{\mathrm{V}}$ 和 Δe_k^{V} 分别由式(2-39)和式(2-40)确定。

$$\sigma_k^{\mathrm{V}} = \sigma_k^{\mathrm{I}} - \left(3K\Delta\varepsilon_{\mathrm{m}}^{\mathrm{V}} + \frac{1}{X}\Delta e_k^{\mathrm{V}}\right) \tag{2-45}$$

2.3.6　瞬时塑性应力修正

在适用于深部巷道分析的本构模型中，加入与时间无关的塑性体是必要的。深部巷道开挖引起的切向加载与径向卸荷会导致围岩大范围进入塑性区，切向主应力峰值深移。若计算过程中不进行瞬时塑性应力修正，开挖后的应力集中无法使围岩屈服，切向主应力仅随时间延长而缓慢深移，这导致本该屈服的围岩长时间“过载”，与实际情况不符。

如 2.3.5 小节所述，考虑 M-C 准则优点，本小节对瞬时剪切强度的计算也采用该准则，此外加入拉应力强度准则。代入黏塑性修正后的主应力 σ_k^{V}，瞬时剪切屈服函数 f_{s}、瞬时剪切塑性势函数 g_{s}、瞬时拉伸屈服函数 f_{t} 和瞬时拉伸塑性势函数 g_{t} 如下：

$$f_{\mathrm{s}} = \sigma_1^{\mathrm{V}} - \sigma_3^{\mathrm{V}} N_\varphi - 2c\sqrt{N_\varphi} \tag{2-46}$$

$$g_{\mathrm{s}} = \sigma_1^{\mathrm{V}} - \sigma_3^{\mathrm{V}} N_\psi \tag{2-47}$$

$$f_{\mathrm{t}} = \sigma_3^{\mathrm{V}} + \sigma_{\mathrm{T}} \tag{2-48}$$

$$g_{\mathrm{t}} = \sigma_3^{\mathrm{V}} \tag{2-49}$$

式中　σ_1^{V}、σ_3^{V} ——黏塑性修正后的最大和最小主应力；

c、σ_{T} ——黏聚力和抗拉强度。

将式(2-8)写成差分形式，并代入 σ_k^{V}，可得应变软化塑性体剪切流动法则和拉伸流动法则的增量形式：

$$\Delta\varepsilon_{\mathrm{s}k}^{\mathrm{S}} = \lambda_{\mathrm{s}} \frac{\partial g_{\mathrm{s}}}{\partial \sigma_k^{\mathrm{V}}} \tag{2-50}$$

$$\Delta\varepsilon_{tk}^{S} = \lambda_t \frac{\partial g_t}{\partial \sigma_k^V} \tag{2-51}$$

式中，$\Delta\varepsilon_{sk}^{S}$、$\Delta\varepsilon_{tk}^{S}$ 分别为应变软化塑性体剪切和拉伸屈服情况下主应变增量($k=1,2,3$)；λ_s、λ_t 分别为由剪切和拉伸一致性条件确定。

若黏塑性修正后的主应力 σ_k^V 使 $f_s>0$ 或 $f_t<0$(发生剪切或拉伸屈服的判定方法与 FLAC^{3D}内置 M-C 模型相同[222]，本书未列出)，根据式(2-47)和式(2-50)或式(2-49)和式(2-51)可知瞬时塑性应变存在，应进行应力修正。根据式(2-47)和式(2-50)或式(2-49)和式(2-51)，在主应力空间导出应变软化塑性体剪切或拉伸屈服情况下的主应变增量：

$$\Delta\varepsilon_{s1}^{S} = \lambda_s \tag{2-52}$$

$$\Delta\varepsilon_{s2}^{S} = 0 \tag{2-53}$$

$$\Delta\varepsilon_{s3}^{S} = -\lambda_s N_\psi \tag{2-54}$$

$$\Delta\varepsilon_{t1}^{S} = 0 \tag{2-55}$$

$$\Delta\varepsilon_{t2}^{S} = 0 \tag{2-56}$$

$$\Delta\varepsilon_{t3}^{S} = \lambda_t \tag{2-57}$$

式中　$\Delta\varepsilon_{s1}^{S}$、$\Delta\varepsilon_{s2}^{S}$ 和 $\Delta\varepsilon_{s3}^{S}$——应变软化塑性体在剪切屈服情况下的最大、中间和最小主应变；

$\Delta\varepsilon_{t1}^{S}$、$\Delta\varepsilon_{t2}^{S}$ 和 $\Delta\varepsilon_{t3}^{S}$——应变软化塑性体在拉伸屈服情况下的最大、中间和最小主应变。

在主应力空间改写式(2-23)和式(2-27)，可得到考虑瞬时塑性应变的球应力 σ_m^C 和偏应力 s_k^C ($k=1,2,3$)表达式：

$$\sigma_m^C = \sigma_m^O + 3K(\Delta\varepsilon_m - \Delta\varepsilon_m^V - \Delta\varepsilon_m^S) \tag{2-58}$$

$$s_k^C = \frac{1}{X}\left[\Delta e_k - \Delta e_k^V - \Delta e_k^S + Y s_k^O - \left(\frac{B}{A} - 1\right) e_k^{KO}\right] \tag{2-59}$$

将黏塑性应力修正后的球应力 σ_m^V 和偏应力 s_k^V 计算式(2-41)和式(2-42)与式(2-58)和式(2-59)对比，可得瞬时塑性球应力和偏应力修正公式：

$$\sigma_m^C = \sigma_m^V - 3K\Delta\varepsilon_m^S \tag{2-60}$$

$$s_k^C = s_k^V - \frac{1}{X}\Delta e_k^S \tag{2-61}$$

将式(2-60)和式(2-61)相加，可得瞬时塑性应力修正后的主应力 σ_k^C 计算式：

$$\sigma_k^C = \sigma_k^V - \left(3K\Delta\varepsilon_m^S + \frac{1}{X}\Delta e_k^S\right) \tag{2-62}$$

式中，$\Delta\varepsilon_m^S$、Δe_k^S($k=1,2,3$)分别为应变软化塑性体在剪切或拉伸屈服情况下的球应变增量和偏应变增量。

此时因 λ_s 和 λ_t 待定，$\Delta\varepsilon_m^S$ 和 Δe_k^S 无法确定，式(2-62)缺少计算所需参数。将式(2-62)中球应变和偏应变展开为主应变增量形式：

$$\sigma_1^C = \sigma_1^V - [\alpha\Delta\varepsilon_1^S + \beta(\Delta\varepsilon_2^S + \Delta\varepsilon_3^S)] \tag{2-63}$$

$$\sigma_2^C = \sigma_2^V - [\alpha\Delta\varepsilon_2^S + \beta(\Delta\varepsilon_1^S + \Delta\varepsilon_3^S)] \tag{2-64}$$

$$\sigma_3^C = \sigma_3^V - [\alpha\Delta\varepsilon_3^S + \beta(\Delta\varepsilon_1^S + \Delta\varepsilon_2^S)] \tag{2-65}$$

$$\alpha = K + \frac{2}{3X} \tag{2-66}$$

$$\beta = K - \frac{1}{3X} \tag{2-67}$$

对于剪切屈服的情况，将式(2-52)至式(2-54)代入式(2-63)至式(2-65)，可得瞬时塑性修正后的主应力计算式：

$$\sigma_1^{C} = \sigma_1^{V} - \lambda_s(\alpha - \beta N_\psi) \tag{2-68}$$

$$\sigma_2^{C} = \sigma_2^{V} - \lambda_s\beta(1 - N_\psi) \tag{2-69}$$

$$\sigma_3^{C} = \sigma_3^{V} - \lambda_s(\beta - \alpha N_\psi) \tag{2-70}$$

瞬时塑性修正后的主应力 σ_k^{C} 应落在屈服面上，即满足剪切一致性条件：

$$f_s(\sigma_k^{C}) = \sigma_1^{C} - \sigma_3^{C} N_\varphi - 2c\sqrt{N_\varphi} = 0 \tag{2-71}$$

将式(2-68)和式(2-70)代入式(2-71)，可解得：

$$\lambda_s = \frac{\sigma_1^{V} - \sigma_3^{V} N_\varphi - 2c\sqrt{N_\varphi}}{(\alpha - \beta N_\psi) - (\beta - \alpha N_\psi) N_\varphi} \tag{2-72}$$

对于拉伸屈服的情况，将式(2-55)至式(2-57)代入式(2-63)至式(2-65)，可得瞬时塑性修正后的主应力计算式：

$$\sigma_1^{C} = \sigma_1^{V} - \lambda_t\beta \tag{2-73}$$

$$\sigma_2^{C} = \sigma_2^{V} - \lambda_t\beta \tag{2-74}$$

$$\sigma_3^{C} = \sigma_3^{V} - \lambda_t\alpha \tag{2-75}$$

瞬时塑性修正后的主应力 σ_k^{C} 应落在屈服面上，即满足拉伸一致性条件：

$$f_t(\sigma_k^{C}) = \sigma_3^{C} + \sigma_t = 0 \tag{2-76}$$

将式(2-75)代入式(2-76)，可解得：

$$\lambda_t = \frac{\sigma_3^{V} + \sigma_t}{\alpha} \tag{2-77}$$

综上，在剪切屈服情况下可采用式(2-68)至式(2-70)进行瞬时塑性应力修正，λ_s 由式(2-72)确定；在拉伸屈服情况下可采用式(2-73)至式(2-75)进行瞬时塑性应力修正，λ_t 由式(2-77)确定。

将瞬时塑性修正后的主应力 σ_k^{C} 变换回参考系，即可输出新应力张量 $\boldsymbol{\sigma}_{ij}^{C}$。

2.4 BVS 模型力学特性实现

在 2.3 节所述的 BVS 模型本构方程推导过程中，应变软化塑性体、改进黏塑性体和受限牛顿体分别按理想塑性体、理想黏塑性体和牛顿体分析，2.1 节中部分力学特性没有涉及，这些力学特性在本节实现。

2.4.1 应变软化与塑性扩容

根据 2.2 节分析，应变软化和塑性扩容由应变软化塑性体实现。巷道围岩破坏形式主要为侧向卸荷导致的压剪破坏，拉破坏仅发生在围岩表层，因此 BVS 模型仅考虑剪切强度参数退化。此外，不考虑峰前应变硬化阶段。

FLAC^{3D}提供了基于 M-C 准则的应变软化模型[222]。用户可将黏聚力 c、内摩擦角 φ 和扩容角 ψ 定义为软化参量 κ 的分段线性函数，而将软化参量增量 $\Delta\kappa$ 定义为塑性偏应变第二不变量的平方根（$\Delta\varepsilon_{s2}^{S} = 0$）：

$$\Delta\kappa = \frac{1}{\sqrt{2}}\sqrt{(\Delta\varepsilon_{s1}^{S} - \Delta\varepsilon_{sm}^{S})^2 + (\Delta\varepsilon_{sm}^{S})^2 + (\Delta\varepsilon_{s3}^{S} - \Delta\varepsilon_{sm}^{S})^2} \tag{2-78}$$

$$\Delta\varepsilon_{sm}^{S} = \frac{1}{3}(\Delta\varepsilon_{1}^{S} + \Delta\varepsilon_{3}^{S}) \tag{2-79}$$

式中　$\Delta\varepsilon_{sm}^{S}$——应变软化塑性体球应变增量。

该内置模型便于使用，但存在以下问题：仅考虑塑性变形对扩容角 ψ 的影响，忽略了扩容角 ψ 对围压的依赖性；虽然软化参量 κ 没有广泛认可的统一定义，但为便于观测，多数基于岩石三轴试验数据得出的应变软化模型将其定义为塑性剪应变 γ^{S}[61]：

$$\kappa = \gamma^{S} = \varepsilon_{s1}^{S} - \varepsilon_{s3}^{S} \tag{2-80}$$

式中　ε_{s1}^{S}、ε_{s3}^{S}——应变软化塑性体最大和最小主应变。

对软化参量 κ 定义的不同，导致数值计算时难以指定强度参数退化规律；此外，采用分段线性函数代替非线性函数，存在一定误差。

为准确考虑围岩峰后效应，BVS 模型中应变软化体没有引入 FLAC^{3D} 内置应变软化模型，而是在前人试验数据基础上进行开发。现有研究中，有很多描述应变软化过程中强度参数退化的模型，也有很多描述扩容角 ψ 变化规律的模型，但同时给出两者模型的研究却很少。文献[61]通过数据挖掘，在沉积岩大量三轴试验数据[224]基础上，同时给出应变软化强度参数退化模型和扩容角模型。

基于岩石微观力学观点[210-212]，文献[61]指出随着软化参量 κ（塑性剪应变 γ^{S}）增大，M-C 强度参数中仅黏聚力 c 发生退化，而内摩擦角 φ 保持恒定，并在数据分析中得到验证。黏聚力 c 与软化参量 κ 的关系如下：

$$c = c_0\left(1 - \frac{\tanh(100\kappa)}{\tanh 10} + 0.001\right)^{a_c} \tag{2-81}$$

式中　c_0——初始黏聚力；

　　a_c——取决于岩性的拟合参数。

同时，文献[61]给出了同时考虑围压 σ_3 和软化参量 κ（塑性剪应变 γ^{S}）的扩容角 ψ 模型：

$$\psi = \psi_0\left[1 - \frac{\tanh(100\kappa)}{\tanh 10} + 0.001\right]^{a_\psi} \tag{2-82}$$

$$\psi_0 = A_\psi \ln\left(\frac{\varphi\sigma_c}{\sigma_3 + 0.1}\right) - B_\psi \tag{2-83}$$

式中　ψ_0——初始扩容角；

　　σ_c——单轴抗压强度；

　　a_ψ、A_ψ、B_ψ——取决于岩性的拟合参数。

以泥岩为例，文献[61]中拟合参数 $a_c = 0.340$，$a_\psi = 0.125$，$A_\psi = 6.794$，$B_\psi = 15.308$，取单轴抗压强度 σ_c=20 MPa（初始黏聚力 c_0=6.37 MPa，内摩擦角 φ=25°）。则黏聚力 c 仅为软化参量 κ 的函数，如图 2-4 所示；扩容角 ψ 为围压 σ_3 和软化参量 κ 的函数，如图 2-5 所示。

由图 2-4 可知，泥岩发生破坏后，黏聚力 c 随 κ 增大而迅速减小，当 κ 达到 0.02 时，c 已减小至 0.326c_0；随后，c 减小速率逐渐降低，当 κ 超过 0.06 后，c 几乎不再减小，对应残余黏聚力 0.096c_0。深部巷道围岩塑性剪应变 γ^{p} 很容易超过 0.06（在下文数值计算中可得到验证），进而导致屈服面大幅收缩，强度显著降低。这表明在进行深部巷道分析时，忽略围岩应变软化行为将引起非常大的误差。

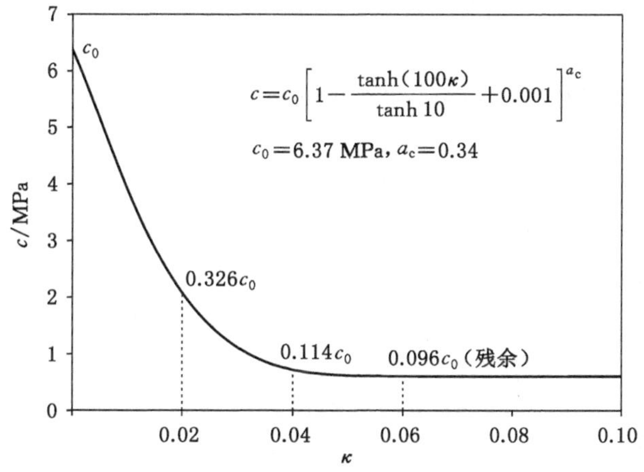

图 2-4 黏聚力 c 变化规律

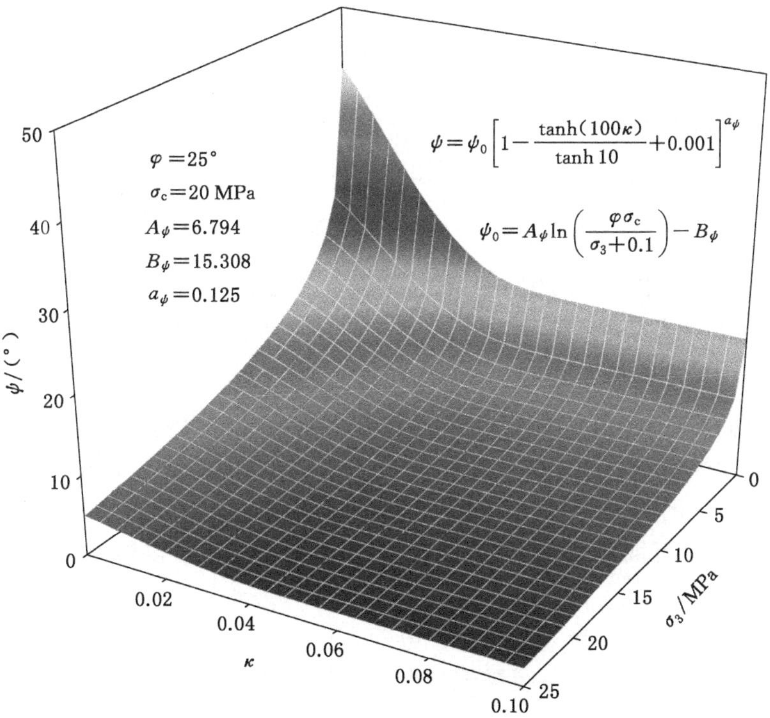

图 2-5 扩容角 ψ 变化规律

由图 2-5 可知，岩体扩容角 ψ 显著依赖于围压 σ_3 和软化参量 κ，且随 σ_3 和 κ 增大呈非线性减小，这与很多学者的观点一致[60,62-64,80,102]。软化参量 κ 恒定情况下，扩容角 ψ 随围压 σ_3 增大先迅速减小，随后减小速率逐渐降低；围压 σ_3 恒定情况下，扩容角 ψ 随软化参量 κ 增大先迅速减小，随后减小速率逐渐降低，当 κ 超过 0.06 后，ψ 几乎不再减小。在巷道围岩破坏逐渐由开挖边界向深部扩展的过程中[58,225]，塑性区内任意一点都经历了围压 σ_3 不断减小而软化参量 κ 不断增大的过程，这将导致扩容角 ψ 的变化是高度非线性的，甚至是非单调的。这表明在进行深部巷道分析时，扩容角 ψ 不是单因素线性变化的，更不可以被忽略（$FLAC^{3D}$ 中若不指定扩容角 ψ，则默认为 0）。

将式(2-80)写为增量形式，可得软化参量增量 $\Delta\kappa$ 的计算式：

$$\Delta\kappa = \Delta\gamma^{S} = \Delta\varepsilon_{s1}^{S} - \Delta\varepsilon_{s3}^{S} \tag{2-84}$$

软化参量 κ 由每次迭代的 $\Delta\kappa$ 累积，$\Delta\varepsilon_{s1}^{S}$ 和 $\Delta\varepsilon_{s3}^{S}$ 由式(2-52)和式(2-54)给出。在瞬时塑性应力修正后，根据式(2-81)更新黏聚力 c 可实现符合试验规律的应变软化，即屈服面收缩。

此外，发生应变软化后岩样有着更低的长期强度[161]，更新黏聚力 c 后还应对长期黏聚力 c_{∞} 进行更新。在未发生应变软化的情况下，即软化参量为 0 时，岩样长期强度低于瞬时强度，设初始长期黏聚力 $c_{0\infty}$ 与初始黏聚力 c_0 之比为 k_c。当岩样内部裂纹充分萌生与扩展并进入残余阶段后，新的裂纹萌生与扩展不会导致岩样强度进一步降低，因此应变软化和流变损伤均已停止，不存在瞬时与长期强度之分，此时残余长期黏聚力 $c_{r\infty}$ 与残余黏聚力 c_r 相等。假设岩样自应变软化开始到进入残余阶段（对应残余软化参量 κ_r）的过程中，长期黏聚力 c_{∞} 与黏聚力 c 比值是线性变化的，即

$$c_{\infty} = \begin{cases} c\left[k_c + \dfrac{\kappa}{\kappa_r}(1-k_c)\right], \kappa \leqslant \kappa_r \\ c, \kappa > \kappa_r \end{cases} \tag{2-85}$$

根据式(2-81)和式(2-85)，可实现对长期黏聚力 c_{∞} 的更新。

在瞬时塑性应力修正过程中，由式(2-52)至式(2-54)可导出瞬时塑性体积增量 $\Delta\varepsilon_{sv}^{S}$：

$$\Delta\varepsilon_{sv}^{S} = \Delta\varepsilon_{s1}^{S} + \Delta\varepsilon_{s2}^{S} + \Delta\varepsilon_{s3}^{S} = \lambda_s(1-N_{\psi}) = \lambda_s\left(1-\frac{1+\sin\psi}{1-\sin\psi}\right) \tag{2-86}$$

根据式(2-86)可知，若 $\psi>0°$，则 $\Delta\varepsilon_{sv}^{S}<0$，即发生塑性扩容（负号代表体积膨胀）。在瞬时塑性应力修正后，根据式(2-82)和式(2-83)更新扩容角 ψ 可实现符合试验规律的塑性扩容。

2.4.2 加速蠕变、流变损伤与流变扩容

根据 2.2 节分析，加速蠕变、流变损伤与流变扩容由改进黏塑性体实现。流变损伤与应变软化均由岩体塑性变形过程中裂纹萌生与扩展引起，不同的是前者与时间有关。应变软化以应变软化塑性体的剪应变 γ^{S} 作为软化参量，因此流变损伤可以改进黏塑性体的剪应变 γ^{V} 作为损伤参量。γ^{V} 可取与 γ^{S} 相同的形式[78]，参照式(2-80)可以得到 γ^{V} 的表达式：

$$\gamma^{V} = \varepsilon_1^{V} - \varepsilon_3^{V} \tag{2-87}$$

式中，ε_1^{V} 和 ε_3^{V} 分别为黏塑性最大和最小主应变。

将式(2-87)写为增量形式，可得黏塑性剪应变增量 $\Delta\gamma^{V}$ 的计算式：

$$\Delta\gamma^{V} = \Delta\varepsilon_1^{V} - \Delta\varepsilon_3^{V} \tag{2-88}$$

黏塑性剪应变 γ^{V} 由每次迭代的 $\Delta\gamma^{V}$ 累积，$\Delta\varepsilon_1^{V}$ 和 $\Delta\varepsilon_3^{V}$ 由式(2-36)和式(2-38)给出。

加速蠕变与流变损伤密不可分。如 2.2 节所述，加速蠕变起点损伤量与常规压缩峰值点对应的损伤量近似相等[78]，即减速和等速蠕变阶段损伤量与常规加载峰前损伤量相对应，而加速蠕变阶段损伤量与常规加载峰后损伤量相对应。因此，当黏塑性剪应变 γ^{V} 超过某一阈值 γ_0^{V} 后岩体强度才开始降低，γ_0^{V} 对应减速和等速蠕变阶段累积的黏塑性剪应变。

因围岩变形过程中应力不断调整，属流变现象，蠕变三阶段往往不会连续发生；而在迭代时间步长内应力恒定，可视为短暂蠕变。若某一迭代时间步长内应力状态满足式(2-33)的长期屈服条件，则认为该迭代时间步长内发生了流变损伤，黏塑性剪应变 γ^{V} 增大。当 γ^{V}

超过 γ_0^V 时，加速蠕变启动，岩体强度开始降低，即黏聚力 c 和长期黏聚力 c_∞ 开始减小。根据式(2-81)和式(2-85)，c 和 c_∞ 均为软化参量 κ（应变软化塑性体剪应变）的函数，因此需要将黏塑性剪应变增量 $\Delta\gamma^V$ 按一定规则换算为软化参量增量 $\Delta\kappa$，进而更新 c 和 c_∞。

$$\Delta\kappa = \begin{cases} 0, \gamma^V \leqslant \gamma_0^V \\ k_\gamma \Delta\gamma^V, \gamma^V > \gamma_0^V \end{cases} \tag{2-89}$$

式中，k_γ 为 $\gamma^V > \gamma_0^V$ 时软化参量增量 $\Delta\kappa$ 与黏塑性剪应变增量 $\Delta\gamma^V$ 之比。

长期黏聚力减小导致的长期强度降低可以使改进黏塑性体过应力[145]升高，进而使蠕变速率升高，但还不足以达到试验中加速蠕变的程度。因此，在加速蠕变启动后还需减小改进黏塑性体的黏度 η^V。本书借鉴文献[78]提出的 η^V 变化规律（损伤参量定义与之不同）：

$$\eta^V = \begin{cases} \eta_0^V \left[1 - k_\eta \left(\dfrac{\kappa}{\kappa_f}\right)^{a_\eta}\right], \kappa \leqslant \kappa_f \\ \eta_f^V, \kappa > \kappa_f \end{cases} \tag{2-90}$$

式中，η_0^V、η_f^V 分别为改进黏塑性体初始黏度与蠕变失稳时的黏度；k_η、a_η 为拟合参数；κ_f 为蠕变失稳时的软化参量。

流变扩容的实现与塑性扩容相似，在黏塑性应力修正过程中，由式(2-36)至式(2-38)可导出黏塑性体积增量 $\Delta\varepsilon_v^V$：

$$\Delta\varepsilon_v^V = \Delta\varepsilon_1^V + \Delta\varepsilon_2^V + \Delta\varepsilon_3^V = \frac{< f_\infty >}{2\eta^V}(1 - N_\psi)\Delta t = \frac{< f_\infty >}{2\eta^V}\left(1 - \frac{1+\sin\psi}{1-\sin\psi}\right)\Delta t \tag{2-91}$$

根据式(2-91)可知，若 $\psi > 0°$，则 $\Delta\varepsilon_v^V < 0$，即发生流变扩容（负号代表体积膨胀）。在黏塑性应力修正后，根据式(2-82)和式(2-83)更新扩容角 ψ 可实现符合试验规律的流变扩容。

2.4.3 蠕变终止曲线限制

在载荷低于长期强度情况下，岩体将发生稳定蠕变，此时 BVS 模型中改进黏塑性体和应变软化塑性体均无响应，退化为图 2-6 所示的改进伯格斯模型。

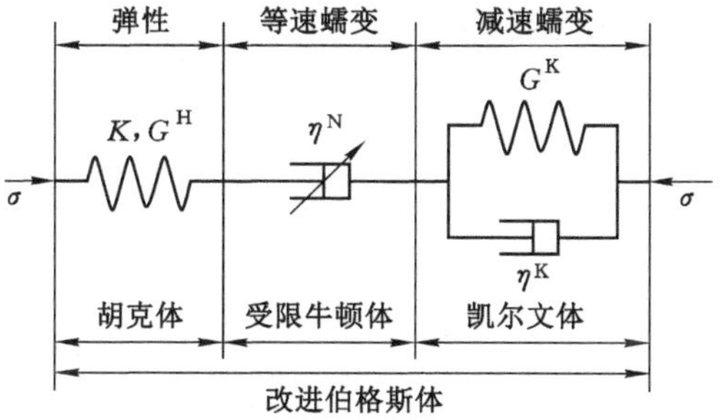

图 2-6 载荷低于长期强度情况下 BVS 模型退化为改进伯格斯模型示意

模型中加入自由牛顿体（直接串联在模型中，无并联胡克体或塑性体限制）是为描述一些岩样在载荷低于长期强度情况下仍出现长时间等速蠕变的现象，比如口孜东矿岩样[226]就存在这种现象。但这样做会引起两个问题：一是非静水压力难以维持，在初始平衡计算过程中，采用位移边界条件时地应力会逐渐松弛至静水压力，而采用应力边界条件时模型将持续变形无法收敛；二是巷道开挖后，应力水平较低、本该趋于稳定的深层围岩会持续变形，即稳定蠕变无法实现。因此，BVS 模型根据蠕变终止曲线理论导出对模型中自由牛顿体的限制条件，以解决这两个问题。

如图 2-7 所示，σ_{ct}为蠕变启动应力；σ_{c1}、σ_{c2}和 σ_{c3}为依次增大的蠕变应力；σ_{∞}和 σ_c分别为长期强度和单轴抗压强度。当蠕变应力低于长期强度时，发生稳定蠕变，蠕变变形随时间延长而趋于极限。将不同的低于长期强度的蠕变应力对应的蠕变终点连接可得蠕变终止曲线，其形态近似直线[102]。因蠕变启动应力较低[124]，比如文献[227]中介绍的红砂岩蠕变启动应力仅为 $12\%\sigma_c$，忽略蠕变启动应力只会引起较小的误差，为简化本构方程，本书 BVS 模型采用直线形式、不考虑蠕变启动应力的蠕变终止曲线。

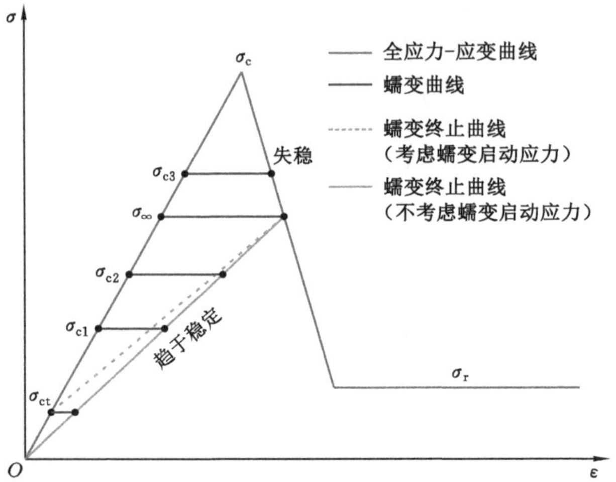

图 2-7　考虑和不考虑蠕变启动应力的蠕变终止曲线

如图 2-8 所示，E 和 E_f分别为弹性模量和峰后变形模量[228]；E_c为蠕变终止曲线斜率；k_σ为长期强度 σ_{∞}与单轴抗压强度 σ_c之比。岩样加载至 σ 的过程中产生瞬时弹性变形 ε_e，在蠕变应力 σ_{c1}的作用下，岩样发生蠕变变形并趋于上限 ε_c。为得到稳定蠕变上限 ε_c的表达式，首先确定蠕变终止曲线的斜率，由图 2-8 可知：

$$E_c = \frac{k_\sigma \sigma_c}{\dfrac{\sigma_c}{E} + \dfrac{(1-k_\sigma)\sigma_c}{E_f}} = \frac{k_\sigma E E_f}{E + E_f - k_\sigma E} \tag{2-92}$$

则 ε_c可由式(2-93)得到：

$$\varepsilon_c = \frac{\sigma_{c1}}{E_c} - \frac{\sigma_{c1}}{E} \tag{2-93}$$

式(2-93)给出的是单轴压缩情况下用正应力和正应变表示的稳定蠕变上限，为在 BVS 模型中应用，应将其改写为偏应力-偏应变的形式。由图 2-6 可知，ε_c由受限牛顿体和凯尔文体产生，这两者均无球应力-球应变响应，即体积应变为 0。此外，单轴压缩情况下 σ_2和 σ_3为 0，根据偏应力和偏应变的定义，可以得到最大偏应力 s_1 和最大偏应变极限值 e_{c1}^{NK}（受限牛顿体和凯尔文体最大偏应变之和）分别与蠕变应力 σ_{c1}和稳定蠕变上限 ε_c的对应关系：

$$s_1 = \frac{2}{3}\sigma_{c1} \tag{2-94}$$

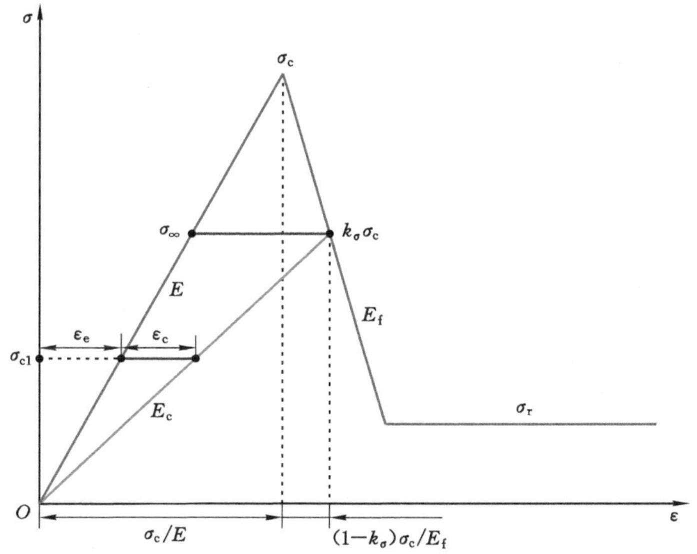

图 2-8 蠕变终止曲线斜率与稳定蠕变上限

$$e_{c1}^{NK}=\varepsilon_c \tag{2-95}$$

将式(2-94)和式(2-95)代入式(2-93)，可以得到用 e_{c1}^{NK} 表示的稳定蠕变上限：

$$e_{c1}^{NK}=\frac{3s_1}{2E_c}-\frac{3s_1}{2E} \tag{2-96}$$

达到蠕变上限需要相当长的时间，而凯尔文体在衰减蠕变阶段结束时达到其变形上限，因此可以用 e_{c1}^{NK} 减去凯尔文体最大偏应变极限值 e_{c1}^{K}，得到由受限牛顿体最大偏应变极限值 e_{c1}^{N} 表示的稳定蠕变上限：

$$e_{c1}^{N}=e_{c1}^{NK}-e_{c1}^{K}=\frac{3s_1}{2E_c}-\frac{3s_1}{2E}-\frac{s_1}{2G^K} \tag{2-97}$$

当发生稳定蠕变时，即应力状态不满足式(2-23)表示的长期屈服条件时，若受限牛顿体最大偏应变 e_1^N 大于或等于其极限值 e_{c1}^{N}，则将受限牛顿体黏度 η^N 暂时设定为无穷大以关闭受限牛顿体，进而实现蠕变终止曲线理论对自由牛顿体的限制。若在之后的计算中应力水平升高使 e_{c1}^{N} 增大或应力状态满足了非稳定蠕变条件，则暂时将 η^N 设定回初值以打开受限牛顿体；若应力满足式(2-46)和式(2-48)表示的瞬时屈服条件，即进入峰后阶段，蠕变已不稳定[152]，则 η^N 恒为初值，受限牛顿体不再关闭。

2.5 BVS 模型计算流程与数值实现

采用 C++将 2.3 节中本构方程和 2.4 节中力学特性编写为可供 FLAC^{3D}调用的新本构模型，其主要计算流程如图 2-9 所示。此外，为应变软化、动态扩容角和蠕变终止曲线限制等分别设置开关，可在本构模型调用时分别考虑、同时考虑或均不考虑这些力学特性，以便校核模型和分析这些力学特性对深部巷道围岩变形与破坏的影响。

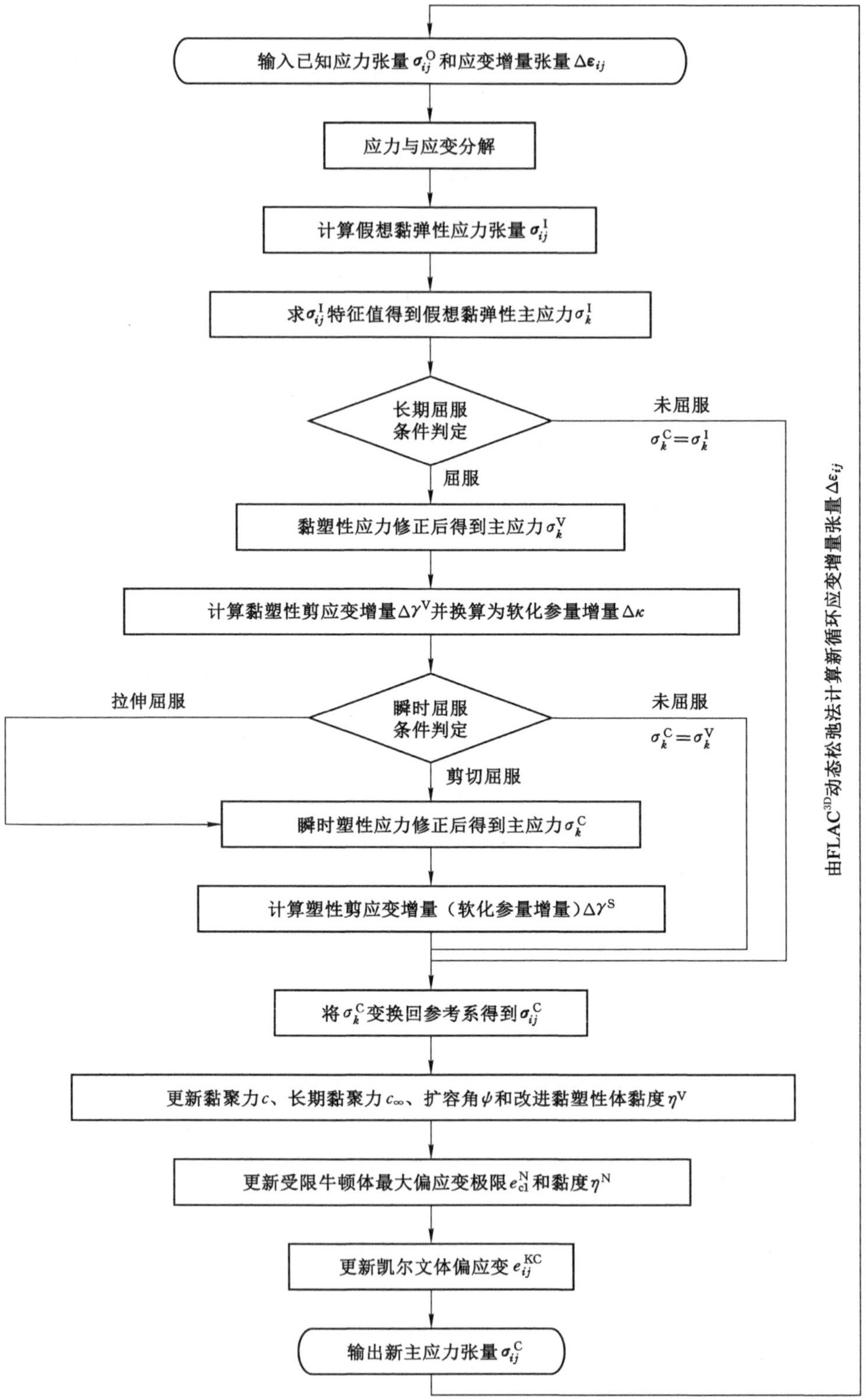

图 2-9　BVS 模型计算流程

2.6　BVS 模型参数辨识

2.6.1　模型参数

由 2.3 节和 2.4 节可知，BVS 模型共有 19 个输入参数，见表 2-1。其余参数和中间变量均可在本构模型调用过程中由这 19 个参数得到。

表 2-1　BVS 模型参数

参数编号	参数符号	参数含义
1	K	体积模量
2	G^{H}	胡克体剪切模量，即剪切模量
3	φ	内摩擦角
4	c_0	黏聚力初值
5	σ_T	抗拉强度
6	a_c	与黏聚力 c 有关的拟合参数，详见式(2-81)
7	a_ψ	与扩容角 ψ 有关的拟合参数，详见式(2-82)
8	A_ψ	与扩容角 ψ 有关的拟合参数，详见式(2-83)
9	B_ψ	与扩容角 ψ 有关的拟合参数，详见式(2-83)
10	η_0^{N}	受限牛顿体黏度初值
11	η^{K}	凯尔文体黏度
12	G^{K}	凯尔文体剪切模量
13	η_0^{V}	改进黏塑性体黏度初值
14	$c_{0\infty}$	长期黏聚力初值
15	a_η	与改进黏塑性体黏度 η^{V} 有关的拟合参数，详见式(2-90)
16	k_η	与改进黏塑性体黏度 η^{V} 有关的拟合参数，详见式(2-90)
17	k_γ	软化参量增量与黏塑性剪应变增量之比
18	γ_0^{V}	加速蠕变启动的黏塑性剪应变阈值
19	E_c	蠕变终止曲线斜率

表 2-1 中，参数 1～5 可由常规岩石力学试验得出；参数 6～9 为引入的应变软化和扩容角模型所涉及的拟合参数，文献[61]在大量沉积岩试验数据基础上已给出；参数 10～18 可由分级加载蠕变曲线得到；参数 19 由式(2-92)估计。

2.6.2　弹塑性参数辨识

鉴于文献[226,229]已给出口孜东矿岩石力学试验结果，本书不再进行重复试验，而是直接采用这些试验结果进行参数辨识。以泥质砂岩[226]为例，其弹性模量 E 为 25.60 GPa，泊松比为 0.12，单轴抗压强度 σ_c 为 37.50 MPa，对应体积模量 K 为 11.228 GPa，胡克体剪切模量 G^{H} 为 11.429 GPa，内摩擦角 φ 为 25°，黏聚力初值 c_0 为 11.945 MPa，抗拉强度 σ_T 为 3.73 MPa。

根据文献[61]给出的应变软化与扩容角模型，对于泥质砂岩，拟合参数 $a_c=0.32$，$a_\psi=0.12$，$A_\psi=6.268$，$B_\psi=16.744$。

2.6.3 减速与等速蠕变参数辨识

首先分析载荷低于长期强度的情况。将组合体最大主应变 ε_1 分解为球量和偏量：

$$\varepsilon_1 = \varepsilon_m + e_1 \tag{2-98}$$

式中 ε_m、e_1 ——组合体球应变和最大偏应变。

在载荷低于长期强度情况下，式(2-4)中 $\dot{\varepsilon}_m^V$ 和 $\dot{\varepsilon}_m^S$ 均为 0，结合式(2-5)可以得到球应力率 $\Delta\sigma_m$ 和组合体球应变率 $\Delta\varepsilon_m$ 的关系，写为全量形式有：

$$\varepsilon_m = \frac{\sigma_m}{3K} \tag{2-99}$$

将式(2-10)在主应力空间改写，并写为全量形式（$\dot{e}_{ij}^V$ 和 $\dot{e}_{ij}^S$ 均为 0）：

$$e_1 = e_1^H + e_1^N + e_1^K \tag{2-100}$$

式中 e_1^H、e_1^N、e_1^K ——胡克体、改进牛顿体和凯尔文体最大偏应变。

根据式(2-11)至式(2-13)（此时 η^N 为其初值 η_0^N）可以解得：

$$e_1^H = \frac{s_1}{2G^H} \tag{2-101}$$

$$e_1^N = \frac{s_1}{2\eta_0^N}t \tag{2-102}$$

$$e_1^K = \frac{s_1}{2G^K}\left[1 - \exp\left(-\frac{G^K}{\eta^K}t\right)\right] \tag{2-103}$$

式中 t——时间。

将式(2-101)至式(2-103)代入式(2-100)，并与式(2-99)相加，可得载荷低于长期强度情况下 BVS 模型蠕变方程：

$$\varepsilon_1 = \frac{\sigma_m}{3K} + \frac{s_1}{2G^H} + \frac{s_1}{2\eta_0^N}t + \frac{s_1}{2G^K}\left[1 - \exp\left(-\frac{G^K}{\eta^K}t\right)\right] \tag{2-104}$$

单轴压缩情况下，根据弹性模量与体积模量和剪切模量的关系，以及偏应力定义，可将式(2-104)写为最大主应力-最大主应变形式：

$$\varepsilon_1 = \frac{\sigma_1}{E} + \frac{\sigma_1}{3\eta_0^N}t + \frac{\sigma_1}{3G^K}\left[1 - \exp\left(-\frac{G^K}{\eta^K}t\right)\right] \tag{2-105}$$

对于分级加载蠕变曲线，根据 Boltzmann 线性叠加原理[230]进行坐标平移后才可用于参数辨识。式(2-105)不可直接用于参数辨识，对其应用 Boltzmann 线性叠加原理，可得载荷低于长期强度情况下的分级加载蠕变方程：

$$\varepsilon_n(t) = \frac{\Delta\sigma_n}{E} + \frac{\sigma_n}{3\eta_0^N}(t - t_n) + \frac{\Delta\sigma_n}{3G^K}\left(1 - \exp\left(-\frac{G^K}{\eta^K}(t - t_n)\right)\right) \tag{2-106}$$

式中 $\varepsilon_n(t)$ ——第 n 级蠕变应力下变形量随时间 t 的变化规律；

σ_n、$\Delta\sigma_n$、t_n ——第 n 级蠕变应力、第 n 级蠕变应力增量和第 n 级蠕变应力加载时刻。

将式(2-106)进行坐标平移（每一级蠕变加载时刻归 0），并减去瞬时应变项，得到每一级蠕变应力下仅考虑蠕应变的蠕变方程：

$$\varepsilon_{cn}(t) = \frac{\sigma_n}{3\eta_0^N}t + \frac{\Delta\sigma_n}{3G^K}\left[1 - \exp\left(-\frac{G^K}{\eta^K}t\right)\right] \tag{2-107}$$

式中 $\varepsilon_{cn}(t)$ ——第 n 级蠕变应力下蠕变量随时间 t 的变化规律。

在参数辨识过程中，可采用式(2-107)的以下形式：

$$\varepsilon_{cn}(t) = a_\varepsilon t + b_\varepsilon [1 - \exp(- c_\varepsilon t)] \tag{2-108}$$

$$a_\varepsilon = \frac{\sigma_n}{3\eta_0^{\mathrm{N}}} \tag{2-109}$$

$$b_\varepsilon = \frac{\Delta\sigma_n}{3G^{\mathrm{K}}} \tag{2-110}$$

$$c_\varepsilon = \frac{G^{\mathrm{K}}}{\eta^{\mathrm{K}}} \tag{2-111}$$

对于载荷高于长期强度且加速蠕变未启动的情况，只需将式(2-36)（此时 η^{V} 为其初值 η_0^{V}）表示的改进黏塑性体最大主应变增量 $\Delta\varepsilon_1^{\mathrm{V}}$ 写为全量形式，对时间求导后加入代表等速蠕变斜率的参数 a_ε：

$$a_\varepsilon = \frac{\sigma_n}{3\eta^{\mathrm{N}}} + \frac{< f_\infty >}{2\eta_0^{\mathrm{V}}} \tag{2-112}$$

文献[226]采用等时曲线方法[231]，确定口孜东矿泥质砂岩长期强度与单轴抗压强度 σ_c 之比在 0.6～0.7 之间，本书取 0.7，对应长期黏聚力初值 $c_{0\infty}$ 为 8.362 MPa。文献[226]对 7# 砂质泥岩进行了蠕变应力为(0.4～0.9)σ_c、增量为 0.1σ_c 的分级蠕变加载试验。考虑加载至第 1 级蠕变应力用时久而减速蠕变持续时间短，第 1 级蠕变应力的蠕变曲线不用作参数辨识。采用式(2-108)对第 2～5 级蠕变应力(0.5σ_c～0.8σ_c)的蠕变曲线进行拟合得到拟合参数 a_ε、b_ε 和 c_ε，代入式(2-109)至式(2-111)反算得到 η_0^{N}、G^{K}、η^{K}，由第 2～4 级蠕变 η_0^{N} 均值结合式(2-112)反算得到 η_0^{V}，结果如图 2-10 和表 2-2 所示(其中 η^{K} 辨识结果离散性偏大，但其对蠕变曲线影响很小，可取其均值)。

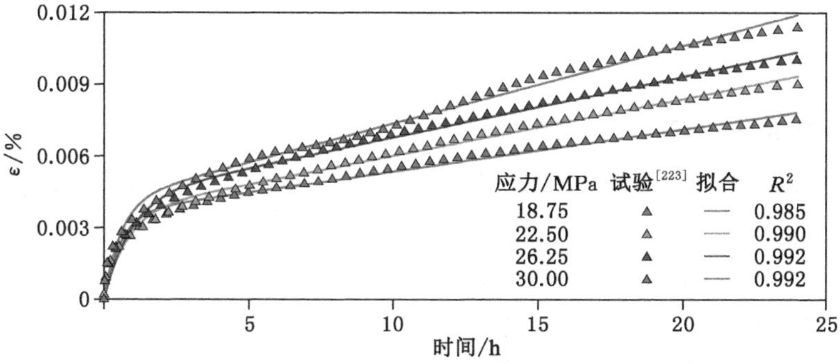

图 2-10 减速与等速蠕变曲线拟合结果

表 2-2 减速与等速蠕变参数辨识结果

蠕变应力/MPa	a_ε /(×10⁻⁶)	b_ε	c_ε /(×10⁻⁵)	η_0^{N} /(GPa·h)	G^{K} /GPa	η^{K} /(GPa·h)	η_0^{V} /(GPa·h)
18.75	1.760	1.744	3.591	3 551.1	34.809	19.959	
22.50	2.380	1.272	3.634	3 151.3	34.397	27.042	

表 2-2(续)

蠕变应力/MPa	a_ε /(×10^{-6})	b_ε	c_ε /(×10^{-5})	η_0^N /(GPa·h)	G^K /GPa	η^K /(GPa·h)	η_0^V /(GPa·h)
26.25	2.547	1.078	4.228	3 435.4	29.565	27.426	
30.00	3.242	1.678	4.119		30.347	18.085	6 630.6
平均				3 379.3	32.280	23.128	6 630.6

蠕变终止曲线斜率 E_c 由式(2-92)给出，涉及峰后变形模量 E_f。峰后变形模量 E_f 影响因素较多且难以测定[228]，但其取值对 E_c 影响较小，如图 2-11 所示。因此根据文献[226]中试验结果估计 E_f 为弹性模量 E 的 1.8 倍，则蠕变终止曲线斜率 $E_c=0.6E$，即 15.36 GPa。

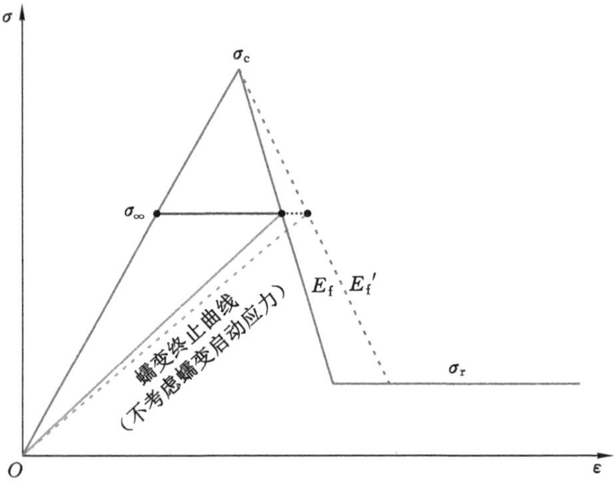

图 2-11 峰后变形模量对蠕变终止曲线斜率的影响

2.6.4 加速蠕变参数辨识

加速蠕变启动条件涉及黏塑性剪应变阈值 γ_0^V。加速蠕变启动后，黏聚力 c、长期黏聚力 c_∞ 和改进黏塑性体黏度 η^V 均随黏塑性剪应变 γ^V 增大而减小，涉及关于 γ^V 的拟合参数 a_η 和 k_η，以及软化参量增量与黏塑性剪应变增量之比 k_γ。

首先确定加速蠕变起点。由式(2-107)、式(2-108)和式(2-112)可得到破坏级应力 σ_f 下不考虑加速蠕变阶段参数变化的蠕变方程 $\varepsilon_{cf}(t)$：

$$\varepsilon_{cf}(t)=\frac{\sigma_n}{3\eta_0^N}t+\frac{<f_\infty>}{2\eta_0^V}t+\frac{\Delta\sigma_n}{3G^K}\left[1-\exp\left(-\frac{G^K}{\eta^K}t\right)\right] \tag{2-113}$$

将表 2-2 中参数代入式(2-113)可得不考虑参数变化的蠕变曲线，其偏离试验曲线时表明参数已开始变化，即加速蠕变起点，如图 2-11 所示。试验曲线与式(2-113)曲线差值与式(2-113)第 2 项之和即表示黏塑性最大主应变 ε_1^V 的变化规律。

根据黏塑性剪应变阈值 γ_0^V 定义，γ^V 从蠕变应力大于长期强度时开始累积，直到加速蠕变启动时达到 γ_0^V。其中，第 5 级蠕变应力 30.00 MPa 持续了 24 h，破坏级蠕变应力 33.75 MPa 在加速蠕变启动前持续了 1.194 h，根据式(2-88)可计算得到 $\gamma_0^V=4.271\times10^{-5}$。

由图 2-12 可知，黏塑性体最大主应变 $\varepsilon_1^{\mathrm{V}}$ 在蠕变失稳时刻达到 4.692×10^{-5}（仅加速蠕变阶段），根据式(2-88)计算可得加速蠕变阶段黏塑性剪应变增量 $\Delta\gamma^{\mathrm{V}} = 2.609 \times 10^{-4}$。岩样瞬时强度在蠕变失稳时刻刚好降低至无法承受破坏级应力 $\sigma_{\mathrm{f}} = 0.9\sigma_{\mathrm{c}}$，则蠕变失稳时刻黏聚力为 $0.9c_0$（单轴加载），代入式(2-81)解得蠕变失稳时刻软化参量 $\kappa_{\mathrm{f}} = 2.894 \times 10^{-3}$。考虑加速蠕变阶段软化参量增量 $\Delta\kappa = \kappa_{\mathrm{f}}$，由 $\Delta\kappa/\Delta\gamma^{\mathrm{V}}$ 可得软化参量增量与黏塑性剪应变增量之比 $k_\gamma = 11.092$。此处假设 k_γ 恒定，在 2.7.3 节对加速蠕变曲线的校核可验证这一假设的合理性。

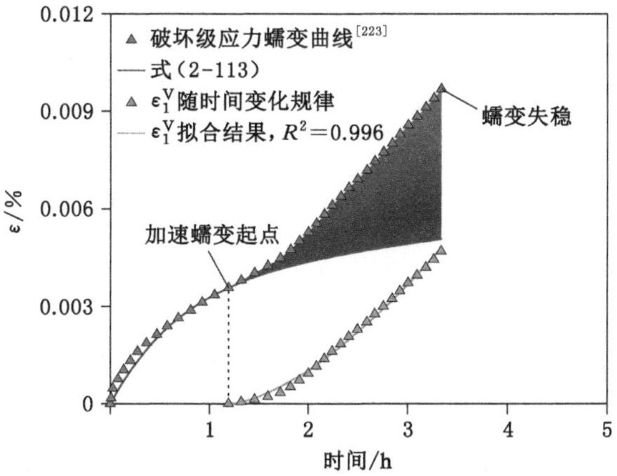

图 2-12 破坏级应力蠕变曲线与黏塑性最大主应变

自加速蠕变起点计时，对图 2-12 中黏塑性最大主应变 $\varepsilon_1^{\mathrm{V}}$ 拟合可得：

$$\varepsilon_1^{\mathrm{V}} = 0.000\,014\,50 t^{1.571} \tag{2-114}$$

将式(2-114)代入式(2-88)后乘以 k_γ 可得到软化参量 κ 随时间的变化规律：

$$\kappa = 0.000\,873\,8 t^{1.571} \tag{2-115}$$

将式(2-33)和式(2-90)代入式(2-36)，结合式(2-81)和式(2-85)给出的长期黏聚力 c_∞ 表达式，积分可得黏塑性最大主应变 $\varepsilon_1^{\mathrm{V}}$ 在加速蠕变阶段的表达式：

$$\varepsilon_1^{\mathrm{V}} = \int_0^t \frac{\sigma_{\mathrm{f}} - 2\sqrt{N_\varphi} c_0 \left[1 - \dfrac{\tanh(100\kappa)}{\tanh 10} + 0.001\right]^{a_{\mathrm{c}}} \left[k_{\mathrm{c}} + \dfrac{\kappa}{\kappa_{\mathrm{r}}}(1 - k_{\mathrm{c}})\right]}{2\eta_0^{\mathrm{V}} \left[1 - k_\eta \left(\dfrac{\kappa}{\kappa_{\mathrm{f}}}\right)^{a_\eta}\right]} \mathrm{d}t \tag{2-116}$$

由图 2-4 可知，黏聚力 c 由 c_0 下降至 $0.9c_0$ 的过程中随软化参量 κ 增大近似线性减小。此外，根据式(2-46)可知 $2\sqrt{N_\varphi} c_0 = \sigma_{\mathrm{c}}$。以此简化式(2-116)并将式(2-115)代入可得：

$$\varepsilon_1^{\mathrm{V}} = \int_0^t \frac{\sigma_{\mathrm{f}} - \sigma_{\mathrm{c}} \left[1 - \dfrac{0.000\,873\,8 t^{1.571}}{\kappa_{\mathrm{f}}}(1 - 0.9)\right]\left[k_{\mathrm{c}} + \dfrac{0.000\,873\,8 t^{1.571}}{\kappa_{\mathrm{r}}}(1 - k_{\mathrm{c}})\right]}{2\eta_0^{\mathrm{V}} \left[1 - k_\eta \left(\dfrac{0.000\,873\,8 t^{1.571}}{\kappa_{\mathrm{f}}}\right)^{a_\eta}\right]} \mathrm{d}t \tag{2-117}$$

将已知参数代入式(2-117)，选取多组 a_η 和 k_η 计算得到 $\varepsilon_1^{\mathrm{V}}$ 随时间变化的曲线，如图 2-13 所示。当 $a_\eta = 0.01$，$k_\eta = 0.982$ 时，$\varepsilon_1^{\mathrm{V}}$ 曲线与式(2-114)表征的曲线相似度最高，此结果与文献[78]得到的结果相似。

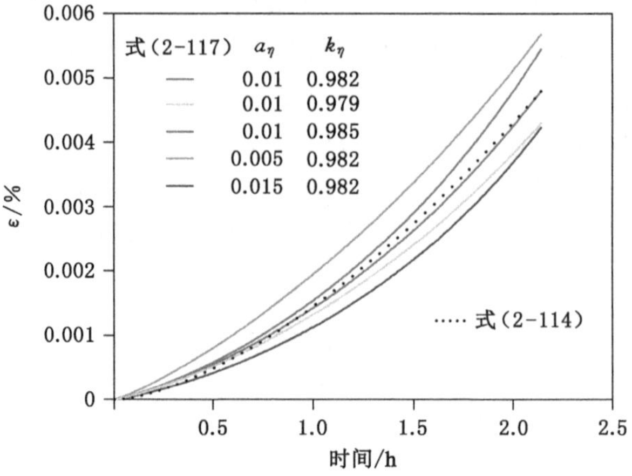

图 2-13　黏塑性最大主应变拟合结果

2.6.5　参数辨识结果

2.6.2 至 2.6.4 小节对表 2-1 中参数进行辨识，结果汇总见表 2-3。

表 2-3　BVS 模型参数

参数编号	参数符号	参数值	单位
1	K	11.228	GPa
2	G^{H}	11.429	GPa
3	φ	25	(°)
4	c_0	11.945	MPa
5	σ_T	3.73	MPa
6	a_c	0.32	
7	a_ψ	0.12	
8	A_ψ	6.286	
9	B_ψ	16.744	
10	η_0^{N}	3 379.3	GPa·h
11	η^{K}	23.128	GPa·h
12	G^{K}	32.280	GPa
13	η_0^{Y}	6 630.6	GPa·h
14	$c_{0\infty}$	8.362	MPa
15	a_η	0.01	
16	k_η	0.982	
17	k_γ	11.092	
18	γ_0^{Y}	4.271×10^{-5}	
19	E_c	15.36	GPa

2.7 BVS 模型校核

本构模型开发环节较多，在本构方程推导、数值实现和参数辨识过程中均可能出现错误，使用前进行严格校核是重要也是必要的。首先，BVS 模型由多个元件串联而成，应能单独描述每一个元件的应力-应变响应；其次，应能描述图 2-1 所示的每一种力学特性，即参数变化和应力-应变响应符合预期规律；最后，采用与试验相同的加载方式，蠕变曲线应与试验得到的曲线一致。本节参数取自表 2-3。

2.7.1 单一元件校核

通过设定受限牛顿体黏度 η^{N}、凯尔文体黏度 η^{K}、长期黏聚力 c_{∞} 和黏聚力 c 为无穷大可分别关闭 BVS 模型中受限牛顿体、凯尔文体、改进黏塑性体和应变软化塑性体，利用这一特性进行单一元件校核。

参照文献[222]中 oedometer test 方法，建立图 2-14 所示单一网格数值模型，将所得结果与理论解对比以校核模型。对单轴恒载和位移侧限恒载两种情况进行计算，校核含胡克体（描述瞬时弹性，在每次校核中必须加入）的受限牛顿体、凯尔文体和改进黏塑性体；采用位移控制加载，对单轴加载和位移侧限加载两种情况进行计算，校核含胡克体的应变软化塑性体。此外，本小节不考虑图 2-1 所示力学特性，即受限牛顿体、改进黏塑性体和应变软化塑性体分别按牛顿体、理想黏塑性体和理想塑性体考虑，有关力学特性在 2.7.2 小节校核。

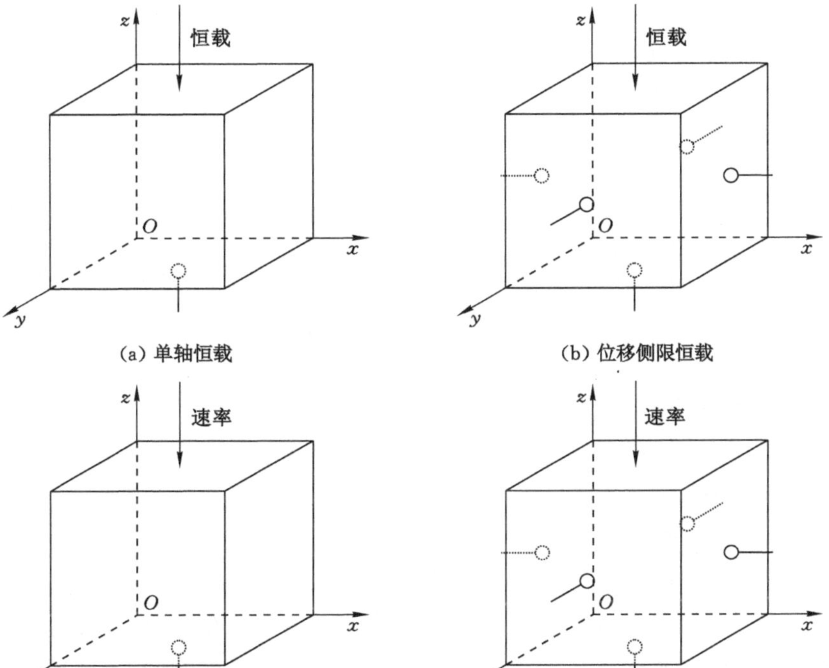

图 2-14 单一网格数值模型

各元件理论解可由 2.3 节中方程结合边界条件导出，在此不单独列出。受限牛顿体、凯尔文体、改进黏塑性体和应变软化塑性体的校核结果分别如图 2-15 至图 2-18 所示（前三个校核略去瞬时弹性应变），可知 BVS 模型各元件数值计算结果均与理论解精确吻合，这表明 BVS 模型能单独描述每一个元件的应力-应变响应。

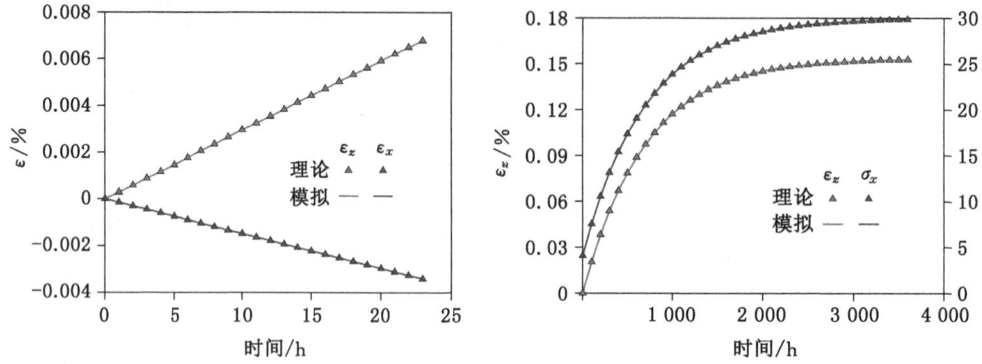

(a) 单轴恒载 (30 MPa)　　(b) 位移侧限恒载 (30 MPa)

图 2-15　受限牛顿体校核结果（按牛顿体考虑）

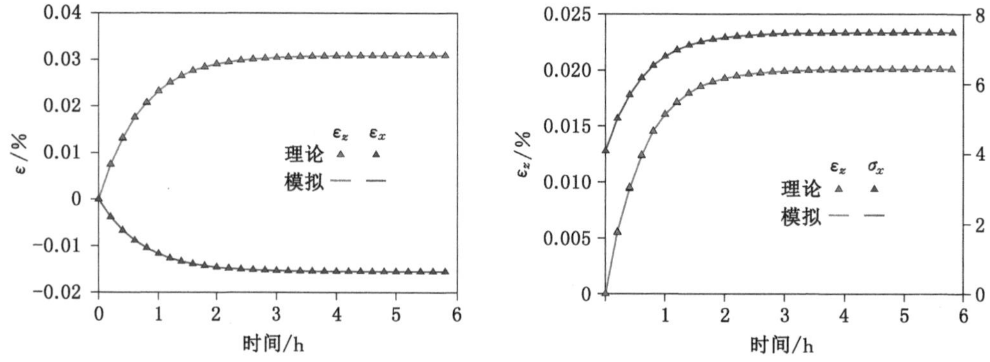

(a) 单轴恒载 (30 MPa)　　(b) 位移侧限恒载 (30 MPa)

图 2-16　凯尔文体校核结果

2.7.2　力学特性校核

由图 2-1 可知，BVS 模型涉及深部巷道围岩 6 个力学特性：应变软化、塑性扩容、流变扩容、稳定与非稳定蠕变、蠕变三阶段和流变损伤。其中，应变软化由黏聚力 c 的变化控制，校核应变软化即校核黏聚力 c 是否按式(2-81)描述的规律变化；塑性扩容、流变扩容主要由扩容角 ψ 控制，校核两者即校核扩容角 ψ 是否按式(2-82)描述的规律变化；对于稳定与非稳定蠕变校核，可分别进行低于和高于长期强度的单轴恒载模拟，载荷低于长期强度应发生稳定蠕变，反之亦然；蠕变三阶段和流变损伤将在非稳定蠕变时体现，也将在 2.7.3 小节中分级加载蠕变曲线校核时体现，无须单独校核。

黏聚力 c 和扩容角 ψ 均与塑性剪应变有关，可在同一次计算中校核两者。考虑巷道围岩扩容，以及切向(z)压缩、径向(x)膨胀和轴向(y)位移约束的特点，采用图 2-19 所示加载方式，此外，按埋深 1 000 m 静水压力 25 MPa 设定应力初值。将采用 BVS 模型计算得到的

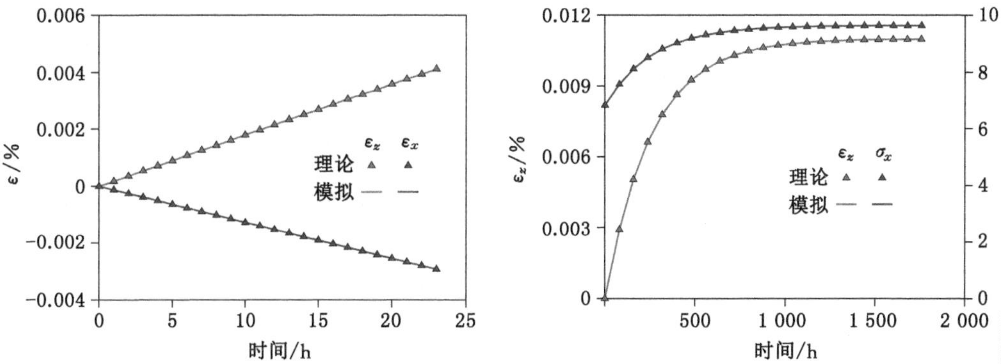

(a) 单轴恒载(50 MPa)　(b) 位移侧限恒载(50 MPa)

图 2-17　改进黏塑性体校核结果(按理想黏塑性体考虑)

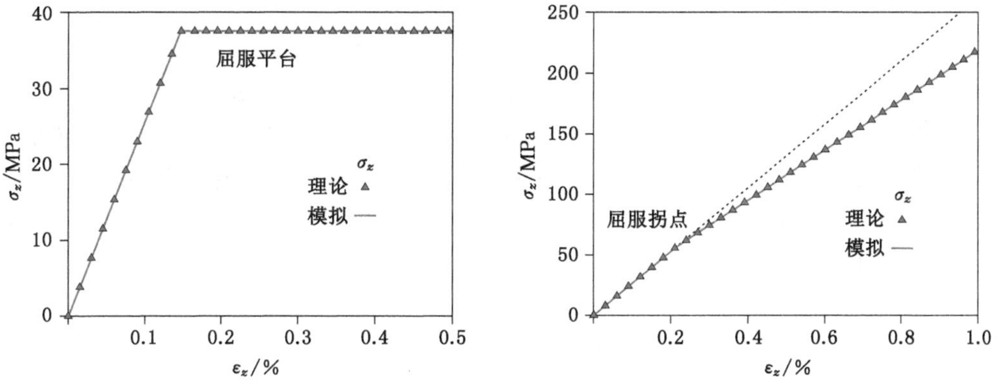

(a) 单轴加载(1×10^{-6}/步)　(b) 位移侧限加载(1×10^{-5}/步)

图 2-18　应变软化塑性体校核结果(按理想塑性体考虑)

黏聚力 c 变化规律与式(2-81)和 FLAC^{3D} 内置应变软化模型[222]对比,如图 2-20(a)所示;将采用 BVS 模型模拟得到的扩容角 ψ 变化规律与式(2-82)对比(FLAC^{3D} 内置应变软化模型无法考虑围压对 ψ 的影响,故不对比),如图 2-20(b)所示。由图 2-20 可知,黏聚力 c 和扩容角 ψ 变化规律分别与式(2-81)和式(2-82)吻合,BVS 模型可精确描述应变软化与扩容。

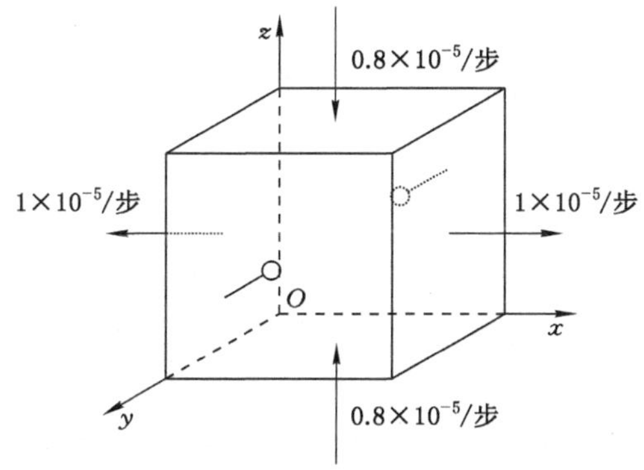

图 2-19　黏聚力与扩容角校核加载方式

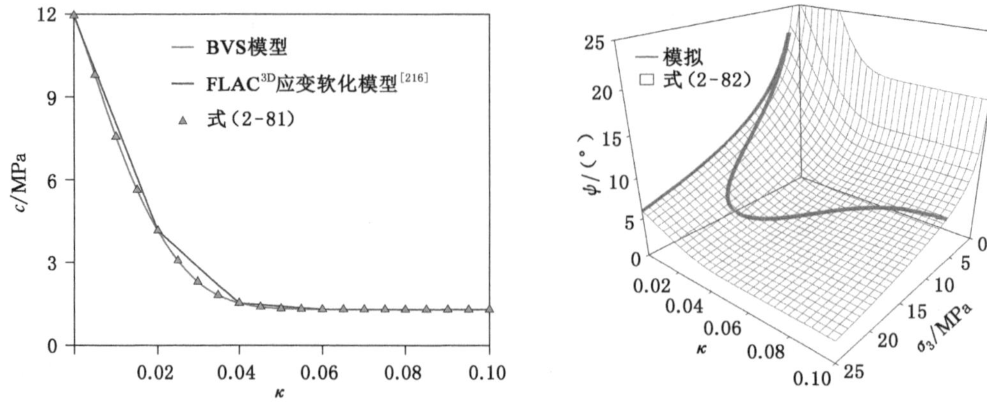

(a) 黏聚力变化规律　　(b) 扩容角变化规律

图 2-20　黏聚力与扩容角变化规律校核结果

稳定和非稳定蠕变采用图 2-14(a)所示单轴恒载方式校核，蠕变应力分别设定为低于长期强度($0.7\sigma_c$)的 $0.13\sigma_c$、$0.40\sigma_c$ 和 $0.67\sigma_c$，以及高于长期强度的 $0.80\sigma_c$ 和 $0.93\sigma_c$。如图 2-21 所示，蠕变应力低于长期强度情况下发生稳定蠕变，且蠕变上限随蠕变应力增大而升高；蠕变应力高于长期强度情况下发生非稳定蠕变，且蠕变失稳时间随蠕变应力增大而缩短，与前人在试验中得到的规律一致[203]。这表明 BVS 模型可精确判别稳定与非稳定蠕变，反映蠕变应力变化带来的影响，但对稳定蠕变曲线形态的描述有所欠缺。

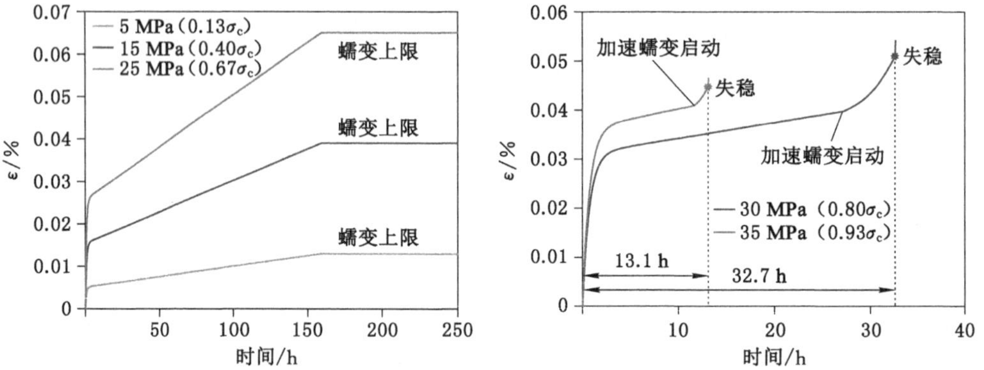

(a) 稳定蠕变　　(b) 非稳定蠕变

图 2-21　稳定与非稳定蠕变校核结果

2.7.3　分级加载蠕变曲线校核

2.7.1 和 2.7.2 小节分别校核了 BVS 模型的每个元件和多种力学特性，本小节采用与文献[226]相同的分级加载方式对图 2-14(a)所示的数值模型进行计算，将得到的结果与试验曲线和理论解对比，以校核 BVS 模型在多个元件和多种力学特性耦合的情况下是否能得到正确的结果。其中，理论解由式(2-108)至式(2-112)和式(2-117)给出，校核结果如图 2-22 所示。可以看出，BVS 模型模拟结果与理论解精确吻合，与试验曲线大致吻合(稳定蠕变参数使用均值，因此较图 2-10 偏离试验曲线明显)。这表明 BVS 模型可描述分级加载条件下的蠕变三阶段和流变损伤特性。

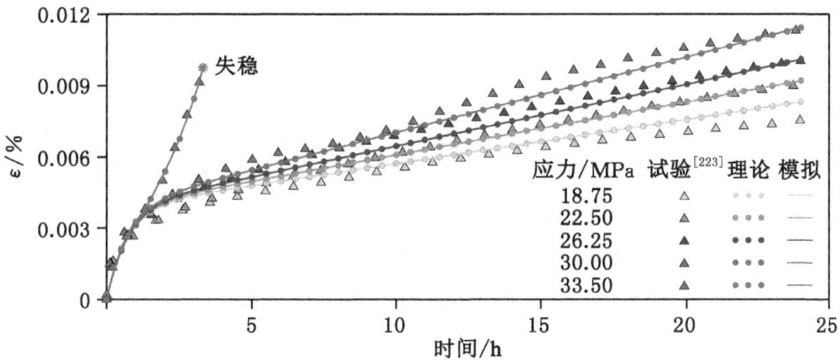

图 2-22 分级加载蠕变校核结果

2.8 本章小结

(1) 根据深部回采巷道围岩劣化、扩容和流变效应凸显的特点[216]，指出适用于深部回采巷道分析的本构模型应能描述围岩 6 个力学特性：应变软化、塑性扩容、蠕变三阶段、稳定与非稳定蠕变、流变损伤和流变扩容。

(2) 针对以上 6 个力学特性，选取适当元件进行改进与组合，建立包含胡克体、受限牛顿体、凯尔文体、改进黏塑性体和应变软化塑性体的 BVS 模型。

(3) 基于增量塑性流动理论和流变理论，推导了 BVS 模型三维增量本构方程。主要计算步骤为：假想黏弹性应力计算→黏塑性应力修正→瞬时塑性应力修正。

(4) 通过引入黏聚力和扩容角变化规律，实现了符合试验规律的应变软化与塑性扩容；建立了黏塑性剪应变与软化参量的联系，实现了加速蠕变、流变损伤和流变扩容；基于蠕变终止曲线理论，解决了稳定蠕变存在上限的问题。

(5) 采用 C++将 BVS 模型开发为可供 $FLAC^{3D}$ 调用的新本构模型，给出了计算流程图。

(6) 由 BVS 模型三维增量本构方程导出参数辨识公式，基于口孜东矿泥质砂岩试验数据[226]对 19 个输入参数进行了辨识。

(7) 采用试验数据、理论解和数值模拟结果相互印证的方式，对多种加载条件下单一元件、多元件组合和力学特性进行严格校核，结果表明 BVS 模型可较好地描述深部回采巷道围岩的 6 个力学特性且开发正确，可供后续研究使用。

3 应变软化、扩容与流变损伤对围岩变形与破坏的影响

第 2 章建立了可描述深部巷道围岩力学特性的 BVS 本构模型，本章基于此分析这些力学特性对围岩变形与破坏的影响，以揭示深部巷道围岩大变形机理。其中，应变软化体现围岩峰后强度随塑性变形增大而退化的特性；扩容描述围岩体积膨胀现象，分为仅与应力调整有关的塑性扩容和与时间有关的流变扩容；流变损伤反映围岩强度随时间退化的特点；此外，稳定与非稳定蠕变以及加速蠕变启动主要与是否发生流变损伤有关。因此，深部巷道围岩力学特性的影响可归结为应变软化、扩容与流变损伤的影响。

3.1 应变软化、扩容与流变损伤的分别影响

3.1.1 应变软化的影响

深部巷道围岩破坏形式主要为侧向卸荷导致的压剪破坏，拉破坏仅发生在围岩表层[217]，因此，本小节仅对剪切屈服和抗剪强度参数退化作出分析。此外，仅分析应变软化的影响，不考虑时间效应，因此设定时间步长 $\Delta t = 0$，则主应变增量 $\Delta\varepsilon_k$ ($k=1,2,3$)仅与胡克体和应变软化塑性体有关：

$$\Delta\varepsilon_k = \Delta\varepsilon_k^{\mathrm{H}} + \Delta\varepsilon_k^{\mathrm{S}} \tag{3-1}$$

式中　$\Delta\varepsilon_k^{\mathrm{H}}$、$\Delta\varepsilon_k^{\mathrm{S}}$ ——胡克体和应变软化塑性体主应变增量。

$\Delta\varepsilon_k^{\mathrm{H}}$ 服从增量形式的胡克定律：

$$\Delta\sigma_k = S_k(\Delta\varepsilon_n^{\mathrm{H}}) \tag{3-2}$$

$$S_1(\Delta\varepsilon_n^{\mathrm{H}}) = \alpha^{\mathrm{H}}\Delta\varepsilon_1^{\mathrm{H}} + \beta^{\mathrm{H}}(\Delta\varepsilon_2^{\mathrm{H}} + \Delta\varepsilon_3^{\mathrm{H}}) \tag{3-3}$$

$$S_2(\Delta\varepsilon_n^{\mathrm{H}}) = \alpha^{\mathrm{H}}\Delta\varepsilon_2^{\mathrm{H}} + \beta^{\mathrm{H}}(\Delta\varepsilon_1^{\mathrm{H}} + \Delta\varepsilon_3^{\mathrm{H}}) \tag{3-4}$$

$$S_3(\Delta\varepsilon_n^{\mathrm{H}}) = \alpha^{\mathrm{H}}\Delta\varepsilon_3^{\mathrm{H}} + \beta^{\mathrm{H}}(\Delta\varepsilon_1^{\mathrm{H}} + \Delta\varepsilon_2^{\mathrm{H}}) \tag{3-5}$$

$$\alpha^{\mathrm{H}} = K + \frac{4}{3}G^{\mathrm{H}} \tag{3-6}$$

$$\beta^{\mathrm{H}} = K - \frac{2}{3}G^{\mathrm{H}} \tag{3-7}$$

式中　$\Delta\sigma_k$ ——主应力增量；

S_k ——线性函数；

α^{H}、β^{H} ——体积模量 K 和胡克体剪切模量 G^{H} 的线性组合，可由式(2-28)、式(2-29)、式(2-66)和式(2-67)在 Δt 取 0 的情况下得到。

$\Delta\varepsilon_k^{\mathrm{S}}$ 可由式(2-47)表示的塑性势函数和式(2-50)表示的流动法则得出，结合 S_k 的线性性质，由式(3-1)和式(3-2)可以得到主应力增量 $\Delta\sigma_k$ 的计算式：

$$\Delta\sigma_k = S_k(\Delta\varepsilon_n) - \lambda S_k\left(\frac{\partial g}{\partial \sigma_k}\right) \tag{3-8}$$

应变软化最直接的影响是导致屈服面收缩，为便于分析，将屈服面简化至σ_1-σ_3平面，并忽略拉应力区。设黏聚力 c 在上一迭代循环末尾减小 Δc 后变为 c^{C}，则由式(2-46)得到应变软化后的新屈服准则 f^{C}：

$$f^{\mathrm{C}}(\sigma_n) = \sigma_1 - \sigma_3 N_\varphi - 2c^{\mathrm{C}}\sqrt{N_\varphi} = 0 \tag{3-9}$$

$$c^{\mathrm{C}} = c - \Delta c \tag{3-10}$$

式中　σ_n ——全部主应力分量。

将式(2-46)和式(3-9)绘入 σ_1-σ_3 平面可知，发生应变软化后，新循环初始应力点(σ_1，σ_3)已不在屈服面上，即 $f^{\mathrm{C}}(\sigma_{\mathrm{n}}) \neq 0$，如图 3-1 所示。

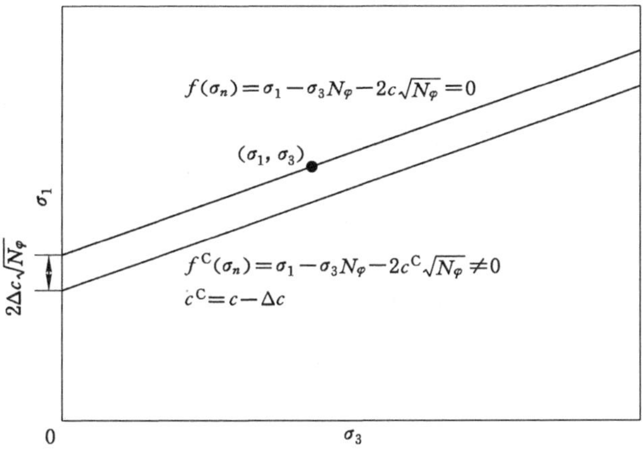

图 3-1　应变软化导致新循环初始应力点超出屈服面示意

比较式(2-46)和式(3-9)得到：

$$f^{\mathrm{C}}(\sigma_n) = 2\Delta c\sqrt{N_\varphi} \tag{3-11}$$

由一致性条件有：

$$f^{\mathrm{C}}(\sigma_n^{\mathrm{C}}) = f^{\mathrm{C}}(\sigma_n + \Delta\sigma_n) = 0 \tag{3-12}$$

利用 f^{C} 的线性性质，由式(3-11)和式(3-12)解得：

$$f^{\mathrm{C}}(\Delta\sigma_n) = -2\Delta c\sqrt{N_\varphi} \tag{3-13}$$

将式(3-8)代入式(3-13)，解得：

$$\lambda = \frac{f^{\mathrm{C}*}[S_n(\Delta\varepsilon_n)] + 2\Delta c\sqrt{N_\varphi}}{f^{\mathrm{C}*}[S_n(\partial g^{\mathrm{C}}/\partial\sigma_k)]} \tag{3-14}$$

式中　$f^{\mathrm{C}*}$ —— f^{C} 减去其常数项；

g^{C} ——新循环塑性势函数。

考虑 $f^{\mathrm{C}*} = f^*$，假定 ψ 在新循环内较上一循环无变化(本小节仅讨论应变软化的影响)，即 $g^{\mathrm{C}} = g$，式(3-14)变为：

$$\lambda = \frac{f^*[S_n(\Delta\varepsilon_n)] + 2\Delta c\sqrt{N_\varphi}}{f^*[S_n(\partial g/\partial\sigma_i)]} \tag{3-15}$$

由式(3-15)可知，考虑应变软化($\Delta c>0$)将导致 λ 增大，且应变软化越快(相邻两循环之

间 Δc 越大)，λ 增大越明显，这将对计算结果造成以下两方面影响：

(1) 使巷道围岩表面位移增大。巷道围岩表面位移由径向应变构成，而径向塑性应变 ε_3^S 是深部巷道围岩径向应变的主要组成部分。根据式(2-54)给出的每循环径向塑性应变增量：

$$\Delta\varepsilon_3^S = -\lambda N_\psi \tag{3-16}$$

可知 λ 增大会使 $\Delta\varepsilon_3^S$ 增大(式中负号代表膨胀)，进而使巷道表面位移增大。

(2) 使塑性剪应变 γ^S 增大。将式(2-52)和式(2-54)代入式(2-84)，得到每循环软化参量增量 $\Delta\kappa$：

$$\Delta\kappa = \lambda(1 + N_\psi) \tag{3-17}$$

由式(3-17)可知，λ 增大会使 $\Delta\kappa$ 增大，进而使软化进程加快，在循环末引起更大的 Δc，使下循环 λ 进一步增大。这种效应不断被放大，直到黏聚力 c 随 γ^S 增大而减小的速率不断降低，最后降低至残余黏聚力 c_r。

除使 λ 增大而导致的上述两方面影响外，考虑应变软化导致的屈服面收缩还会使围岩承载能力大幅下降，浅部对深部围岩的约束 σ_3 也大幅下降，进而使塑性区显著增大。

3.1.2 扩容的影响

3.1.2.1 塑性扩容的影响

岩体扩容现象常用扩容角 ψ 描述，由式(2-52)至式(2-54)给出的应变软化塑性体主应变增量可导出其物理含义：

$$\sin\psi = \frac{\Delta\varepsilon_v^S}{-2\Delta\varepsilon_1^S + \Delta\varepsilon_v^S} \tag{3-18}$$

$$\Delta\varepsilon_v^S = \Delta\varepsilon_1^S + \Delta\varepsilon_2^S + \Delta\varepsilon_3^S = \lambda(1 - N_\psi) \tag{3-19}$$

式(3-18)与文献[204]给出的表达式(应变率形式)一致。由式(3-18)可知，若忽略扩容角 ψ(FLAC^{3D}中若不指定扩容角 ψ，则默认为 0)，将导致围岩在塑性流动过程中塑性体积应变增量 $\Delta\varepsilon_v^S$ 始终为 0，与岩体峰后剧烈扩容现象不符。

根据式(2-82)和式(2-83)可知，扩容角 ψ 依赖于围压 σ_3 和软化参量 κ，从而导致塑性区内每一点扩容角 ψ 变化是高度非线性的，甚至是非单调的。本小节仅分析单次迭代循环内扩容角 ψ 增大对计算结果的影响，而不考虑其变化规律。

将式(2-46)、式(2-47)和式(3-3)至式(3-5)代入式(3-15)，令 $\Delta c=0$(本小节仅分析扩容)，可得到 λ 和 ψ 的关系：

$$\lambda = \frac{\Delta\varepsilon_1(\alpha^H - \beta^H N_\varphi) + \Delta\varepsilon_3(\beta^H - \alpha^H N_\varphi)}{\alpha^H - \beta^H N_\varphi + N_\psi(\alpha^H N_\varphi - \beta^H)} \tag{3-20}$$

取表 2-3 中参数，则 $\alpha^H = 26.47$ GPa，$\beta^H = 3.61$ GPa。由式(2-52)和式(2-54)得到 $\Delta\varepsilon_1 = -\Delta\varepsilon_3/N_\psi$(忽略弹性应变增量，这对于定性分析是合理的)，并给定 $\Delta\varepsilon_1 = 1\times10^{-4}$。则计算结果随扩容角 ψ 的变化如图 3-2 所示，其中 $\Delta\varepsilon_3^S$、$\Delta\varepsilon_v^S$ 和 $\Delta\kappa$ 分别由式(3-16)、式(3-19)和式(3-17)给出。

由图 3-2 可知，扩容角 ψ 增大不会引起 λ 显著变化(忽略弹性应变增量的情况下)，而巷道围岩径向塑性应变增量 $\Delta\varepsilon_3^S$、塑性体积应变增量 $\Delta\varepsilon_v^S$ 以及软化参量增量 $\Delta\kappa$ 均不断增大，且增大速率也在升高。这表明扩容角 ψ 增大，一方面导致巷道围岩膨胀加剧，表面位移增大，另一方面导致软化参量 κ 增大。

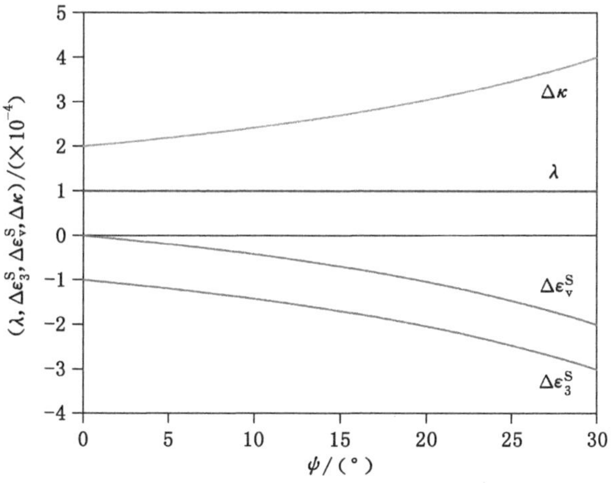

图 3-2　扩容角对塑性变形的影响

若仅考虑扩容而不考虑应变软化，岩体强度参数将不会减小，因此塑性区范围几乎不会发生变化。此外，由式(2-82)可知，γ^S 增大将导致扩容角 ψ 迅速减小，这表明即使赋值较大的初始扩容角也不会引起巷道围岩表面位移显著增大。

3.1.2.2　流变扩容的影响

流变扩容与塑性扩容相似，不同的是前者与时间有关。流变扩容也可由扩容角 ψ 来描述，由式(2-36)至式(2-38)给出的改进黏塑性体主应变增量也可导出与式(3-18)相同的扩容角物理含义，但体积应变增量有所不同：

$$\sin\psi = \frac{\Delta\varepsilon_v^V}{-2\Delta\varepsilon_1^V + \Delta\varepsilon_v^V} \tag{3-21}$$

$$\Delta\varepsilon_v^V = \Delta\varepsilon_1^V + \Delta\varepsilon_2^V + \Delta\varepsilon_3^V = \frac{< f_\infty >}{2\eta^V}(1 - N_\psi)\Delta t \tag{3-22}$$

由式(3-22)可知，若忽略扩容角 ψ，改进黏塑性体的体积应变增量 $\Delta\varepsilon_v^V$ 将始终为 0，无法发生流变扩容，与实际情况不符。

取表 2-3 中参数，即 $\eta^V = 6\ 630.6$ GPa・h。给定 $f_\infty = 1$ MPa，时间步长 $\Delta t = 1$ h。则计算结果随扩容角 ψ 的变化如图 3-3 所示，其中 $\Delta\varepsilon_1^V$、$\Delta\varepsilon_3^V$ 和 $\Delta\varepsilon_v^V$ 分别由式(2-36)、式(2-38)和式(3-22)给出。$\Delta\gamma^V$ 由式(2-88)导出：

$$\Delta\gamma^V = \frac{< f_\infty >}{2\eta^V}(1 + N_\psi)\Delta t \tag{3-23}$$

由图 3-3 可知，流变扩容的影响与塑性扩容高度相似。扩容角 ψ 增大不会引起 $\Delta\varepsilon_1^V$ 变化(忽略弹性应变增量情况下)，而巷道围岩径向黏塑性应变增量 $\Delta\varepsilon_3^V$、黏塑性体积应变增量 $\Delta\varepsilon_v^V$ 以及黏塑性剪应变增量 $\Delta\gamma^V$ 均不断增大，且增大速率也在升高。这表明扩容角增大，一方面导致巷道围岩随时间延长膨胀加剧，表面位移增大，另一方面导致黏塑性剪应变 γ^V 随时间延长增大。

由式(2-89)可知，γ^V 超过其阈值 γ_0^V 后将导致加速蠕变启动，这表明扩容角增大会使加速蠕变启动提前；此外，γ^V 超过 γ_0^V 的部分将按比例转化为软化参量 κ，此时扩容角增大也会导致 κ 增大。

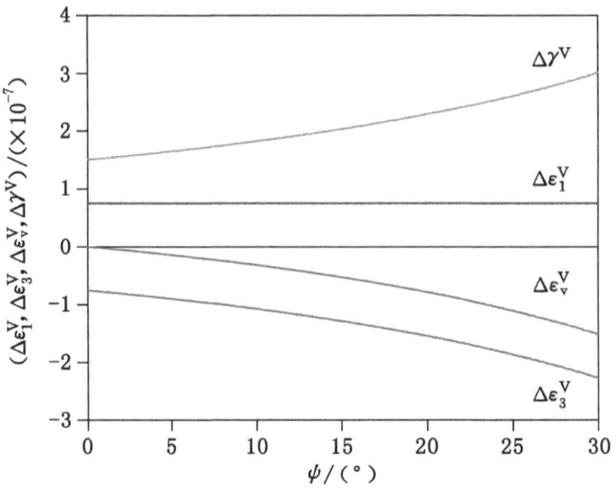

图 3-3　扩容角对黏塑性变形的影响

3.1.3　流变损伤的影响

巷道开挖后，远离掘进工作面区域的空间约束逐渐减弱，伴随切向加载、径向卸荷，形成如图 3-4 所示的应力分布(以静水压力 σ_0 为例)。当作为最大和最小主应力的切向应力 σ_t 和径向应力 σ_r 满足式(2-33)给出的长期屈服条件时，流变损伤发生。由式(2-33)可知，长期切向强度 $\sigma_{t\infty}$ 随径向应力 σ_r(围压)增大而增大，σ_t 超过 $\sigma_{t\infty}$ 的区域即流变损伤区。以峰值切向应力 σ_{tp} 出现的位置为界分为峰前流变损伤区和峰后流变损伤区，当峰前流变损伤区内某微元瞬时强度降低至 σ_t 时，该微元发生失稳并划入峰后流变损伤区。

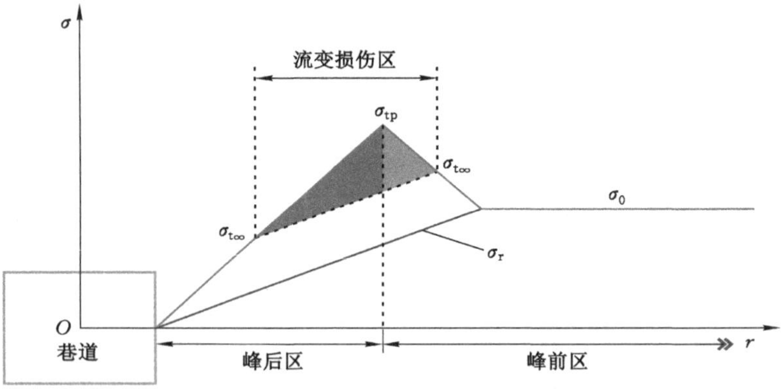

图 3-4　巷道围岩应力分布与流变损伤区示意图

由式(2-36)和式(2-38)和式(3-23)可知，围岩黏塑性主应变增量 $\Delta\varepsilon_k^V$ 和黏塑性剪应变增量 $\Delta\gamma^V$ 均与过应力[145] $< f_\infty >$ 成正比。为便于分析，图 3-5 和图 3-6 以单轴应力情况为例进行说明。

如图 3-5(a)和图 3-6(a)所示，在峰前流变损伤阶段，外载即蠕变应力 σ_{c1}，低于瞬时强度 σ_s 而高于长期强度 σ_∞，导致 γ^V 不断增大。当 γ^V 超过其阈值 γ_0^V 后，瞬时强度 σ_s 逐渐降低。当 σ_s 降低至 σ_{c1} 时，围岩无法承受外载而失稳。在 $\sigma_s = \sigma_{c1}$ 时刻向前取一微小时间段 dt 内产生的微小应变 $d\varepsilon$，可以看出在峰前流变损伤阶段，外载恒定为 σ_{c1} 而长期强度 σ_∞ 降低，从而

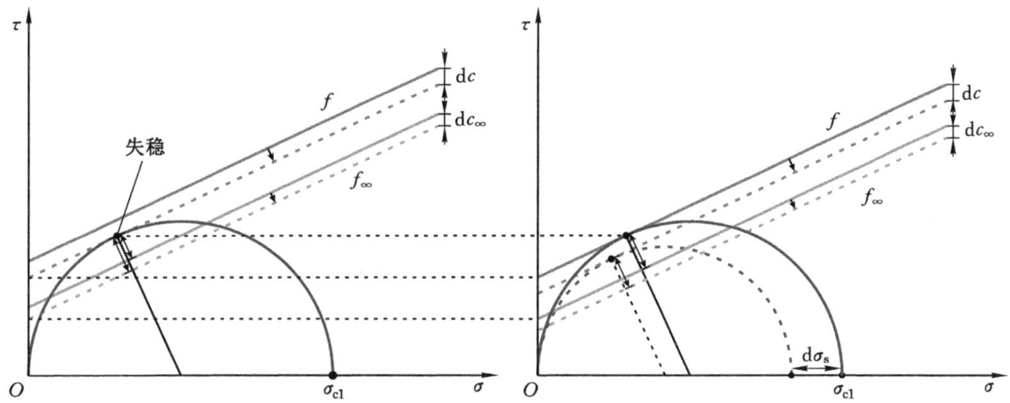

(a) 峰前流变损伤　　(b) 峰后流变损伤

图 3-5　流变损伤导致屈服面收缩示意

导致过应力由 $\bar{\sigma}$ 升高至 $\bar{\sigma}^{C}$ [图 3-5(a)中最大剪应力平面应力点超出长期屈服面 f_{∞} 的距离可作为过应力的度量,可见长期屈服面 f_{∞} 收缩后过应力升高]。过应力增大使相同时间步长 Δt 内 $\Delta\varepsilon_{k}^{V}$ 增大,即黏塑性应变率增大,导致围岩变形量增速升高,呈加速蠕变趋势。此外,过应力增大使相同时间步长 Δt 内 $\Delta\gamma^{V}$ 增大,即黏塑性剪应变累积速率加快,使改进黏塑性体黏度 η^{V} 和长期强度 σ_{∞} 降低,$\Delta\varepsilon_{k}^{V}$ 进一步增大,这也导致围岩呈加速蠕变趋势。这种效应不断被放大,直到围岩失稳并进入峰后流变损伤阶段。

如图 3-5(b)和图 3-6(b)所示,进入峰后流变损伤阶段,外载与瞬时强度 σ_{s} 相等(极限平衡状态)且高于长期强度 σ_{∞},γ^{V} 继续增大,σ_{s} 继续降低,从而导致外载也持续降低(对于巷道围岩,σ_{1} 和 σ_{3} 均会减小)。在 $\sigma_{s}=\sigma_{c1}$ 时刻向后取一微小时间段 dt 内产生的微小应变 dε,可以看出在峰后流变损伤阶段,瞬时强度 σ_{s} 和长期强度 σ_{∞} 均趋于相同的残余值,这导致 σ_{s} 和 σ_{∞} 的差值逐渐减小至 0,即过应力逐渐降低至 0[图 3-5(b)中最大剪应力平面应力点超出长期屈服面 f_{∞} 的距离可作为过应力的度量,可见长期屈服面 f_{∞} 收缩后过应力降低]。过

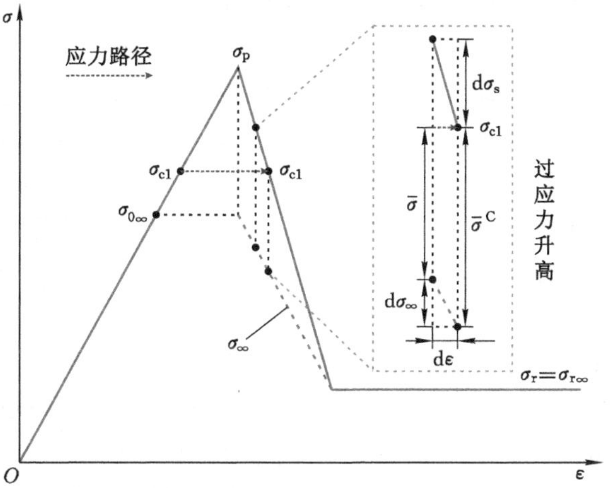

(a) 峰前流变损伤

图 3-6　流变损伤对过应力的影响

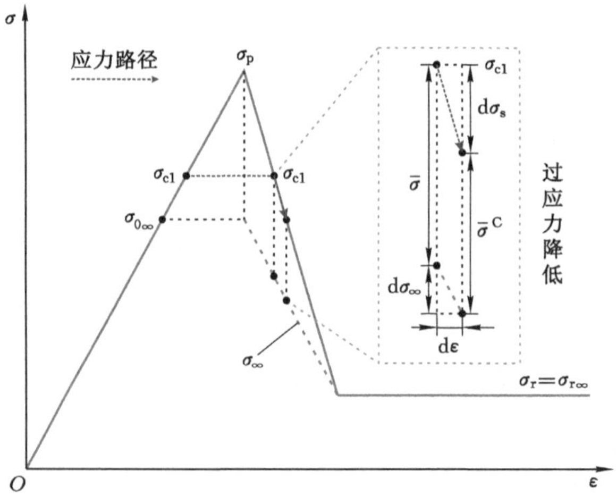

(b) 峰后流变损伤

图 3-6(续)

应力降低虽然使相同时间步长 Δt 内 $\Delta\varepsilon_k^V$ 和 $\Delta\gamma^V$ 减小，黏塑性应变率和黏塑性剪应变累积速率降低，但围岩变形量仍在随时间延长而增大、黏塑性剪应变仍在随时间延长而累积。这表明峰后流变损伤对巷道围岩变形与破坏的影响较峰前小。

3.2　应变软化、扩容与流变损伤间的相互作用及协同效应

3.2.1　应变软化、扩容与流变损伤间的相互作用

由式(2-81)至式(2-83)、式(2-85)和式(2-90)可知，黏聚力 c、长期黏聚力 c_∞ 和改进黏塑性体黏度 η^V 均为软化参量 κ 的函数，均随 κ 增大而减小；扩容角 ψ 为围压 σ_3 和 κ 的函数，随 σ_3 和 κ 增大而减小。根据 3.1 节分析可知，应变软化导致 κ 增大和 σ_3 减小；扩容导致 κ 增大；黏塑性剪应变 γ^V 超过其阈值 γ_0^V 后(加速蠕变启动后)，流变损伤启动并导致 κ 增大，进入峰后阶段还会使 σ_3 减小。因此，应变软化、扩容与流变损伤是相互作用的，如图 3-7 所示。

应变软化对扩容的作用如图 3-7(a)所示。一方面，应变软化导致软化参量 κ 增大，使扩容角 ψ 减小；另一方面，应变软化导致巷道围岩围压 σ_3 减小，使扩容角 ψ 增大。因此，应变软化对扩容的作用较为复杂，无法直接判断，应采用数值模拟手段进行分析。

应变软化对流变损伤的作用如图 3-7(b)所示。应变软化导致软化参量 κ 增大，使长期黏聚力 c_∞ 和改进黏塑性体黏度 η^V 减小。根据式(2-33)可知，c_∞ 减小使长期屈服条件更易满足，流变损伤启动应力变低，这与文献[232]中峰后破裂岩样长期强度较低的结论一致。此外，c_∞ 减小导致过应力 $\langle f_\infty \rangle$ 增大。根据式(2-36)至式(2-38)和式(2-88)可知，$\langle f_\infty \rangle$ 增大和 η^V 减小使改进黏塑性体主应变率增大，进而使黏塑性剪应变 γ^V 累积加快。这一方面导致黏塑性剪应变 γ^V 提前达到其阈值 γ_0^V，即流变损伤启动提前；另一方面导致流变损伤启动后进程加快。

扩容对应变软化的作用如图 3-7(c)所示。由式(3-17)可知，扩容角 ψ 增大使软化参量 κ

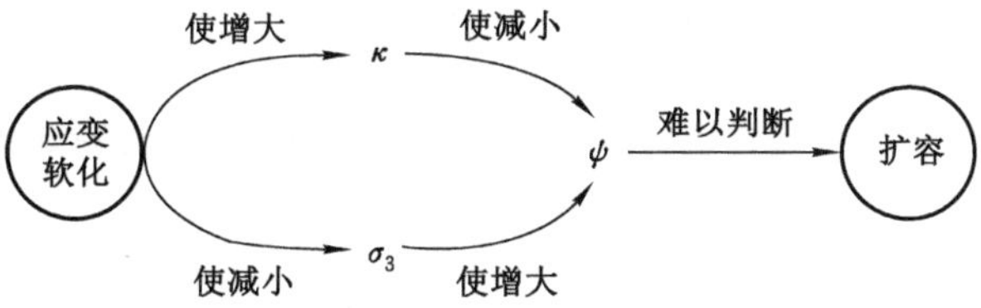

(a) 应变软化对扩容的作用

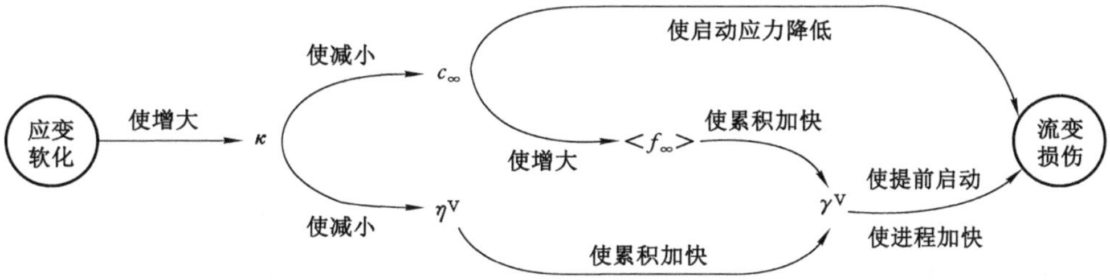

(b) 应变软化对流变损伤的作用

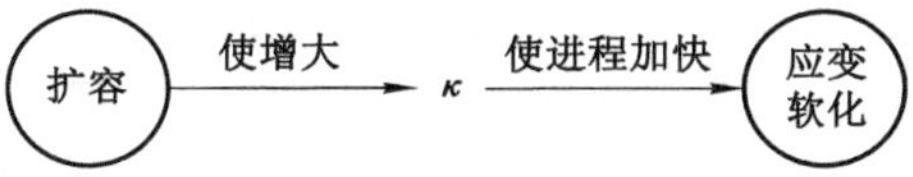

(c) 扩容对应变软化的作用

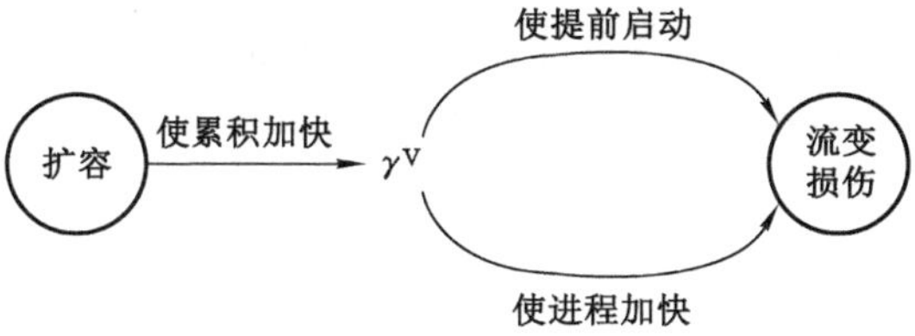

(d) 扩容对流变损伤的作用

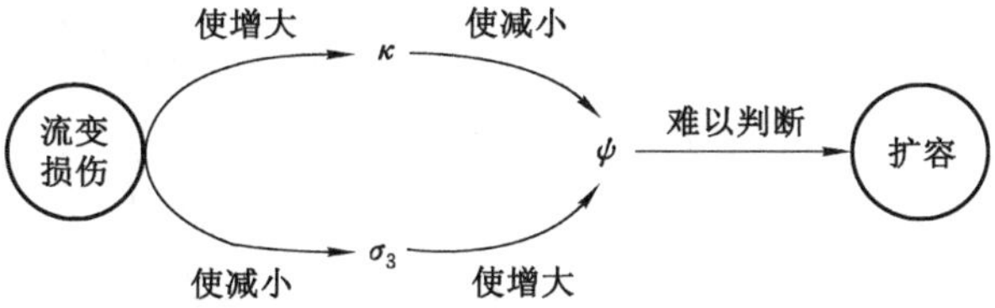

(e) 流变损伤对扩容的作用

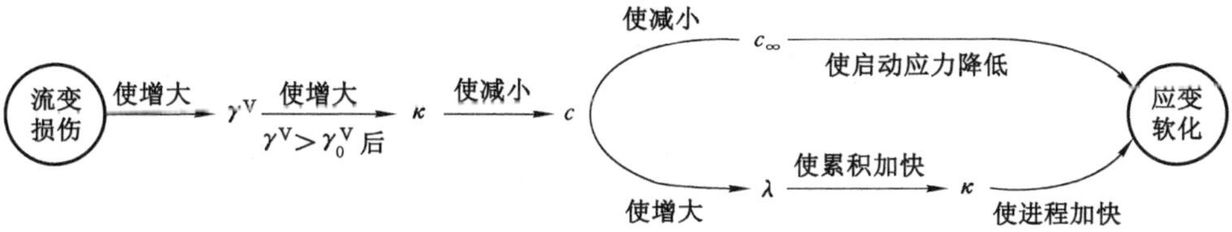

(f) 流变损伤对应变软化的作用

图 3-7 应变软化、扩容与流变损伤间的相互作用

增大，这导致应变软化进程加快，即岩体强度参数退化加速。

扩容对流变损伤的作用如图 3-7(d)所示。由式(3-23)可知，扩容角 ψ 增大直接使黏塑性剪应变增量 $\Delta\gamma^{V}$ 增大，即 γ^{V} 累积加快，从而导致流变损伤启动提前且启动后进程加快(与应变软化对流变损伤的作用相似，但机理不同)。

流变损伤对扩容的作用如图 3-7(e)所示。一方面，流变损伤导致软化参量 κ 增大，使扩容角 ψ 减小；另一方面，峰后流变损伤导致巷道围岩围压 σ_3 减小，使扩容角 ψ 增大。因此，流变损伤对扩容的作用与应变软化相似，也无法直接判断，不同的是前者可在峰前发生且与时间有关。

流变损伤对应变软化的作用如图 3-7(f)所示。黏塑性剪应变 γ^{V} 超过其阈值 γ_0^{V} 后，流变损伤导致软化参量 κ 增大，使黏聚力 c 减小。根据式(2-46)可知，黏聚力 c 减小使瞬时屈服条件更易满足，应力低于初始瞬时强度的情况下即进入峰后阶段，即应变软化启动应力降低。此外，由式(3-15)和式(3-17)可知，黏聚力 c 减小使 λ 增大，进而使 $\Delta\kappa$ 增大，这导致 κ 累积加快，即应变软化进程加快。

3.2.2 应变软化、扩容与流变损伤的协同效应

根据本节分析可知：应变软化和流变损伤是相互促进的，扩容会放大应变软化和流变损伤的影响，应变软化和流变损伤对扩容的作用难以判定。根据 3.1 节分析可知：单独考虑应变软化或流变损伤均会使巷道围岩强度降低，变形量显著增大；单独考虑扩容不会降低围岩强度，变形量增大也是有限的。因此，可初步认为同时考虑任意两种力学特性时，对围岩变形与破坏的影响要比分别考虑两种力学特性的影响之和更大(围岩变形与破坏程度可分别由表面位移和塑性区深度体现)，即存在协同效应。此外，任意两种力学特性存在协同效应，则三种力学特性也存在协同效应，如图 3-8 所示。

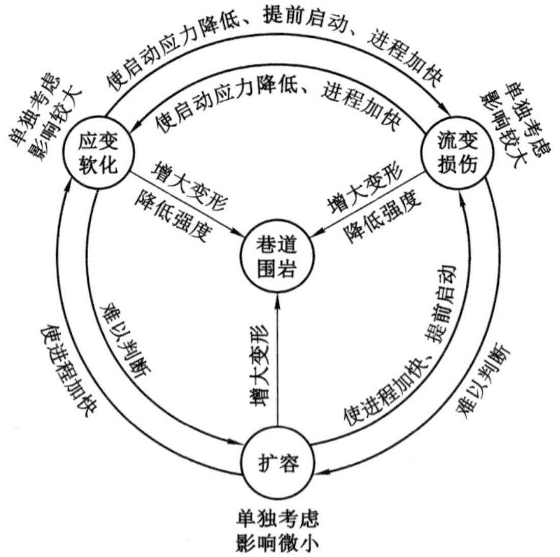

图 3-8　应变软化、扩容与流变损伤的协同效应

3.3 深部巷道数值模拟验证与分析

3.1 节和 3.2 节分析了应变软化、扩容和流变损伤对深部巷道围岩变形与破坏的分别影响以及三种力学特性间的相互作用、协同效应。但存在以下问题：

(1) 由于应力-应变关系非线性，在分析时采用了增量本构方程，这导致分析仅针对某个循环或本循环对下一循环的影响，因此只能给出对最终结果影响的定性分析。

(2) 在应变软化分析时忽略了弹性应变增量，虽然这样做对于定性分析是合理的，但存在误差。

(3) 扩容角 ψ 的变化具有高度非线性和非单调性，因此在分析扩容角 ψ 对计算结果的影响时仅考虑其增大导致的影响，而未考虑其变化规律。

(4) 因应变软化和流变损伤对扩容的作用具有两面性，在分析三种力学特性的协同效应时，忽略了扩容对应变软化和流变损伤的作用。

(5) 未考虑锚杆支护的作用。

在本节数值模拟中，以上问题均得到解决，3.1 节和 3.2 节所得结果也得到验证。

3.3.1 数值模型与模拟方案

(1) 模型尺寸与网格划分。采用 $FLAC^{3D}$ 建立如图 3-9 所示的数值模型，巷道宽 5 m、高 4 m，模型边界距开挖边界 35 m。不考虑支护的情况下，该问题可简化为平面应变问题，模型可设定为单位厚度；但考虑锚杆支护的情况下，该问题已不属于平面应变问题，因此在设定模型厚度时还应考虑锚杆(索)排距。如图 3-10 所示，本次模拟锚杆排距为 0.8 m，锚索排距为 1.6 m，针对模型厚度中部截面进行分析，并忽略距中部截面第 3 排锚索和第 4 排锚杆影响，因此模型厚度取 4.8 m，为便于方案间对比分析，无支护方案模型厚度也取 4.8 m。距巷道开挖边界 20 m 范围内加密网格，其余部分相对稀疏，共划分 57 450 个单元。

(2) 初始条件与边界条件。设定巷道埋深为 1 000 m，岩体平均重度为 25 kN/m^3，则垂直地应力 σ_z=25 MPa。一方面，随深度增加，地应力趋于静水压力，但仍存在侧压系数较大的深井[233]；另一方面，较大侧压系数导致巷道围岩变形与破坏更为剧烈，为便于方案间对比，因此设定侧压系数为 1.3，则水平地应力 $\sigma_x=\sigma_y$=32.5 MPa。模型底部固支，侧面限制法向位移，顶部采用应力边界代替上覆岩重。

(3) 材料参数。为排除其余影响因素，仅分析力学特性的影响，本次模拟针对均质泥质砂岩巷道进行分析。考虑现场岩体强度和弹性模量显著低于岩样，计算时应对岩样参数进行折减[234]。围岩设定为常见软岩：单轴抗压强度为 20 MPa，弹性模量为 6 GPa，泊松比为 0.2，则表 2-3 中黏聚力初值 c_0、长期黏聚力初值 $c_{0\infty}$ 和抗拉强度 σ_T 按围岩与岩样单轴抗压强度之比计算，受限牛顿体黏度初值 η_0^V、凯尔文体黏度 η^K、凯尔文体剪切模量 G^K、改进黏塑性体黏度初值 η_0^V 和蠕变终止曲线斜率 E_c 根据蠕变曲线一致性理论[165-166,203]按围岩与岩样弹性模量之比计算，其余描述岩石固有性质的参数(如内摩擦角和拟合参数)保持不变，得到表 3-1 所示的参数。

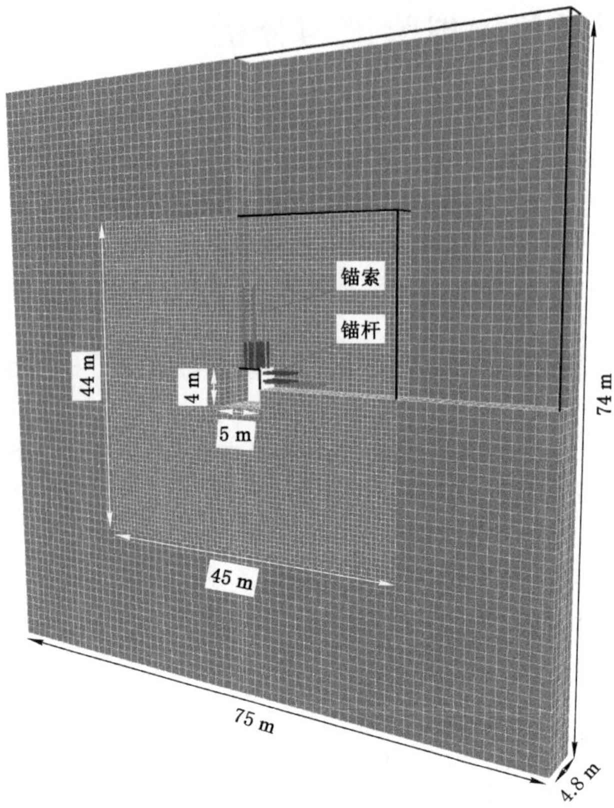

图 3-9　用于分析力学特性影响的数值模型

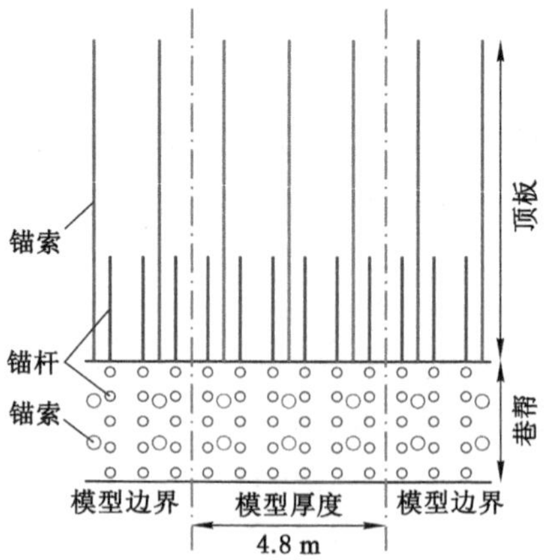

图 3-10　数值模型厚度确定

表 3-1 用于分析力学特性影响的参数

参数编号	参数符号	参数值	单位
1	K	3.333	GPa
2	G^{H}	2.500	GPa
3	φ	25	(°)
4	c_0	6.371	MPa
5	σ_T	1.989	MPa
6	a_c	0.32	
7	a_ψ	0.12	
8	A_ψ	6.286	
9	B_ψ	16.744	
10	η_0^{N}	901.1	GPa·h
11	η^{K}	6.167	GPa·h
12	G^{K}	8.608	GPa
13	η_0^{V}	1 768.2	GPa·h
14	$c_{0\infty}$	4.460	MPa
15	a_η	0.01	
16	k_η	0.982	
17	k_γ	11.092	
18	γ_0^{V}	4.271×10^{-5}	
19	E_c	3.60	GPa

(4) 模拟方案。为研究应变软化、扩容与流变损伤对巷道围岩变形与破坏的影响及协同效应，设定表 3-2 中的 9 个方案：A. 不考虑应变软化、扩容与流变损伤（塑性剪应变 γ^{S} 和黏塑性剪应变 γ^{V} 对软化参量 κ 无贡献，扩容角 ψ 恒定为 0），即理想黏弹塑性体（等效于$\psi=0°$ 情况下的 FLAC^{3D}内置 Cvisc 模型[222]）；B. 仅考虑应变软化；C. 仅考虑扩容；D. 仅考虑流变损伤；E. 考虑应变软化与扩容；F. 考虑应变软化与流变损伤；G. 考虑扩容与流变损伤；H. 同时考虑应变软化、扩容与流变损伤；I. 因支护是影响巷道围岩变形的重要因素之一，在方案 H 的基础上增加锚杆支护，以分析其对应变软化、扩容与流变损伤的抑制作用。采用深部巷道常见支护参数：锚杆间排距为 0.8 m×0.8 m，直径为 22 mm，长度为 3.0 m，锚固段长度为 0.9 m，屈服载荷为 228 kN，预紧力为 100 kN；锚索间排距为 1.3 m×1.6 m，直径为 21.8 mm，顶锚索长度为 8 m，帮锚索长度为 6 m，锚固段长度为 1.8 m，屈服载荷为 550 kN，预紧力为 200 kN。

表 3-2 数值模拟方案

方案编号	应变软化	扩容	流变损伤	支护
A				
B	√			
C		√		

表 3-2(续)

方案编号	应变软化	扩容	流变损伤	支护
D			√	
E	√	√		
F	√		√	
G		√	√	
H	√	√	√	
I	√	√	√	√

(5) 模型计算。巷道开挖后，随掘进工作面远离，空间约束逐渐减弱直至消失，进入平面应变状态。因这一过程用时较短(远离掘进工作面 10 m 后可近似认为进入平面应变状态[235]，正常掘进速度下不会超过 3 d)，忽略这一阶段的流变，仅进行瞬时弹塑性计算。之后开启流变开关计算 100 d，以分析流变带来的影响。

3.3.2 结果分析

3.3.2.1 数值模拟结果

各方案围岩位移量(因各方案位移量差别较大，采用单独标尺)、塑性区、黏聚力、扩容角和主应力张量计算结果分别如图 3-11 至图 3-15 所示。顶板下沉量变化规律、径向应变分布、软化参量变化规律(测点位于顶板 1.75 m 深处)和应力路径(测点位于顶板 2.25 m 深处；因流变阶段应力点多在残余屈服面上移动，仅展示瞬时弹塑性阶段应力路径)分别如图 3-16 至图 3-19 所示。

3.3.2.2 围岩变形分析

在瞬时弹塑性阶段，流变损伤不会发生，因此方案 A 与 D、B 与 F、C 与 G、E 与 H 计算结果两两相同。由图 3-11 和图 3-16(a)可知：对于方案 A，围岩为理想黏弹塑性体情况下，巷道顶板下沉量和底鼓量仅为 31 mm，单侧巷帮移近量仅为 29 mm；对于埋深为 1 000 m，地应力侧压系数为 1.3，围岩软弱(单轴抗压强度为 20 MPa)且无支护的巷道，围岩表面位移量明显过小[3]。由方案 B 与 A 对比可知，仅考虑应变软化情况下，巷道围岩位移量大幅增大：巷道顶板下沉量和底鼓量增大至 163 mm，单侧巷帮移近量增大至 68 mm，这验证了 3.1.1 小节中应变软化使巷道围岩表面位移量增大的观点。由方案 C 与 A 对比可知，仅考虑扩容情况下，巷道围岩位移量略微增大：巷道顶板下沉量和底鼓量增大至 41 mm，单侧巷帮移近量增大至 31 mm，这验证了 3.1.2 小节中仅考虑扩容不会引起巷道围岩表面位移量显著增大的观点。由方案 E 与 A 对比可知，同时考虑应变软化与扩容情况下，巷道围岩位移量显著增大：巷道顶板下沉量和底鼓量增大至 273 mm，单侧巷帮移近量增大至 83 mm；以顶板下沉量为例，方案 B 较方案 A 增大 132 mm，方案 C 较方案 A 增大 10 mm，而方案 E 较方案 A 增大 242 mm，显著大于方案 B 与 C 之和，这验证了 3.2.2 小节中应变软化与扩容存在协同效应的观点。由方案 I 与 E 对比可知，锚杆支护使巷道围岩位移量显著减小(无支护底板底鼓量仅略微减小)：巷道顶板下沉量减小至 192 mm，底鼓量减小至 267 mm，单侧巷帮移近量减小至 66 mm。

在流变阶段，由图 3-11 和图 3-16(b)可知，各方案围岩变形量均较瞬时弹塑性阶段显著

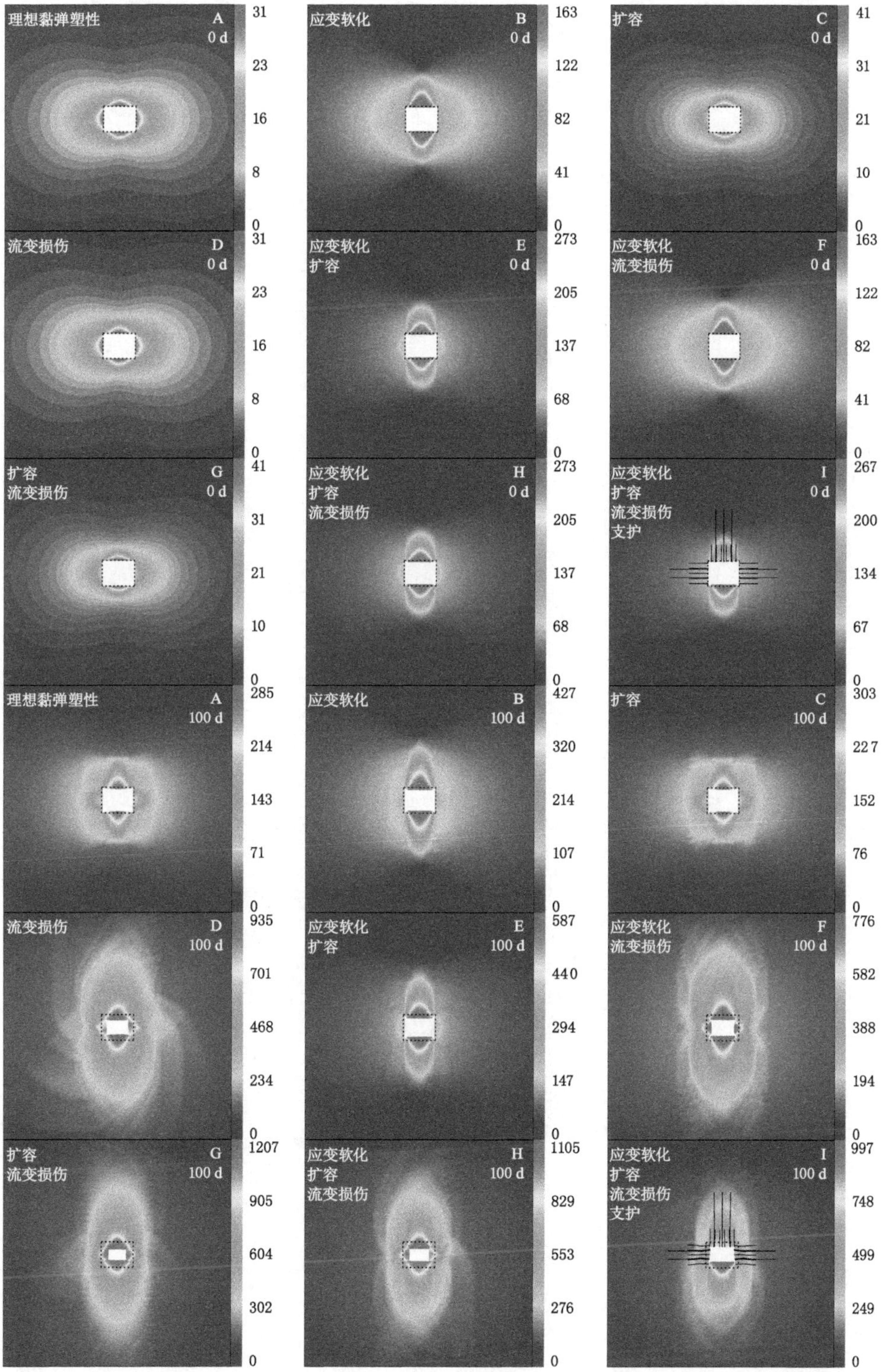

图 3-11　围岩位移量(单位:mm)

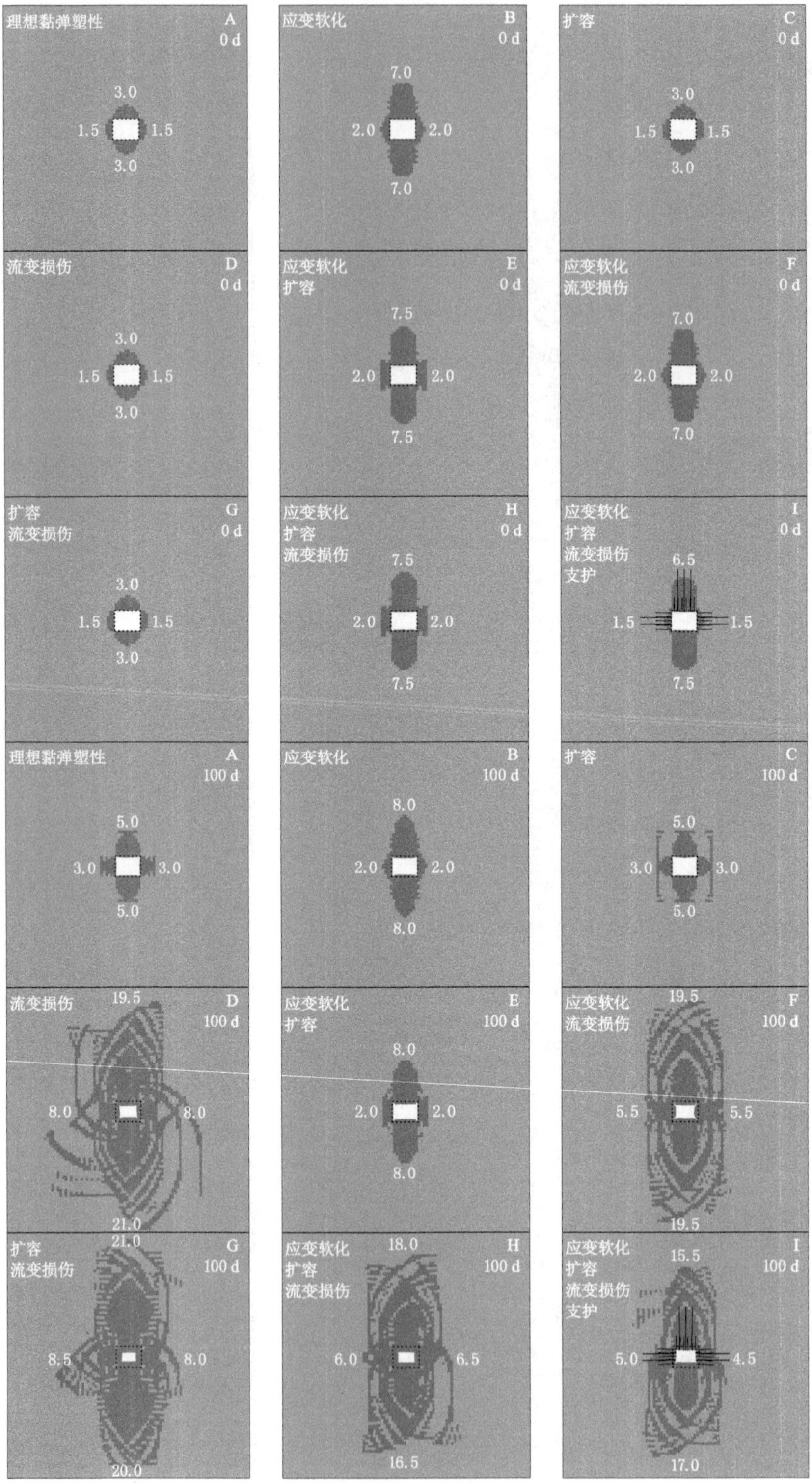

图 3-12　围岩塑性区(数值为塑性区深度,单位:m)

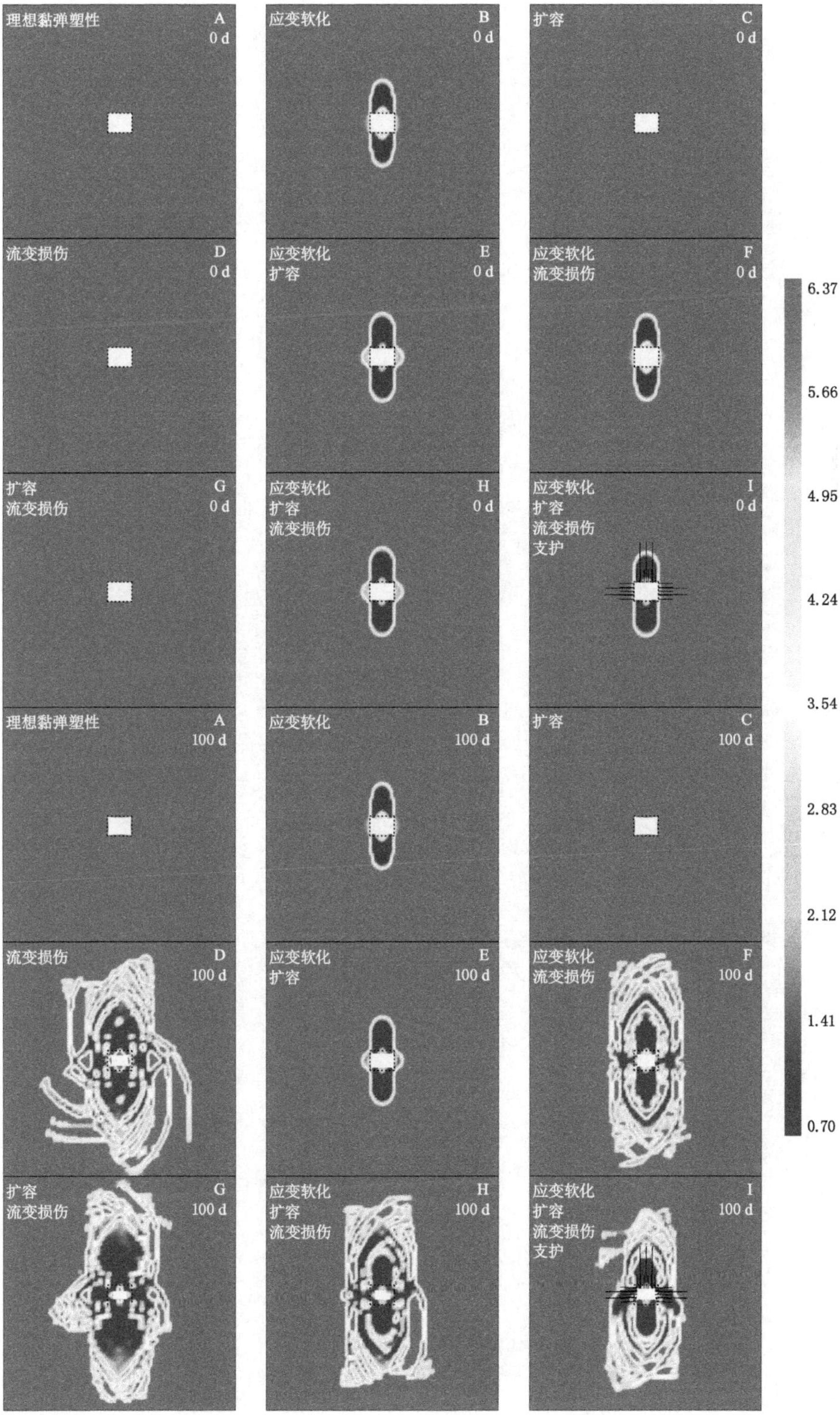

图 3-13 围岩黏聚力(单位:MPa)

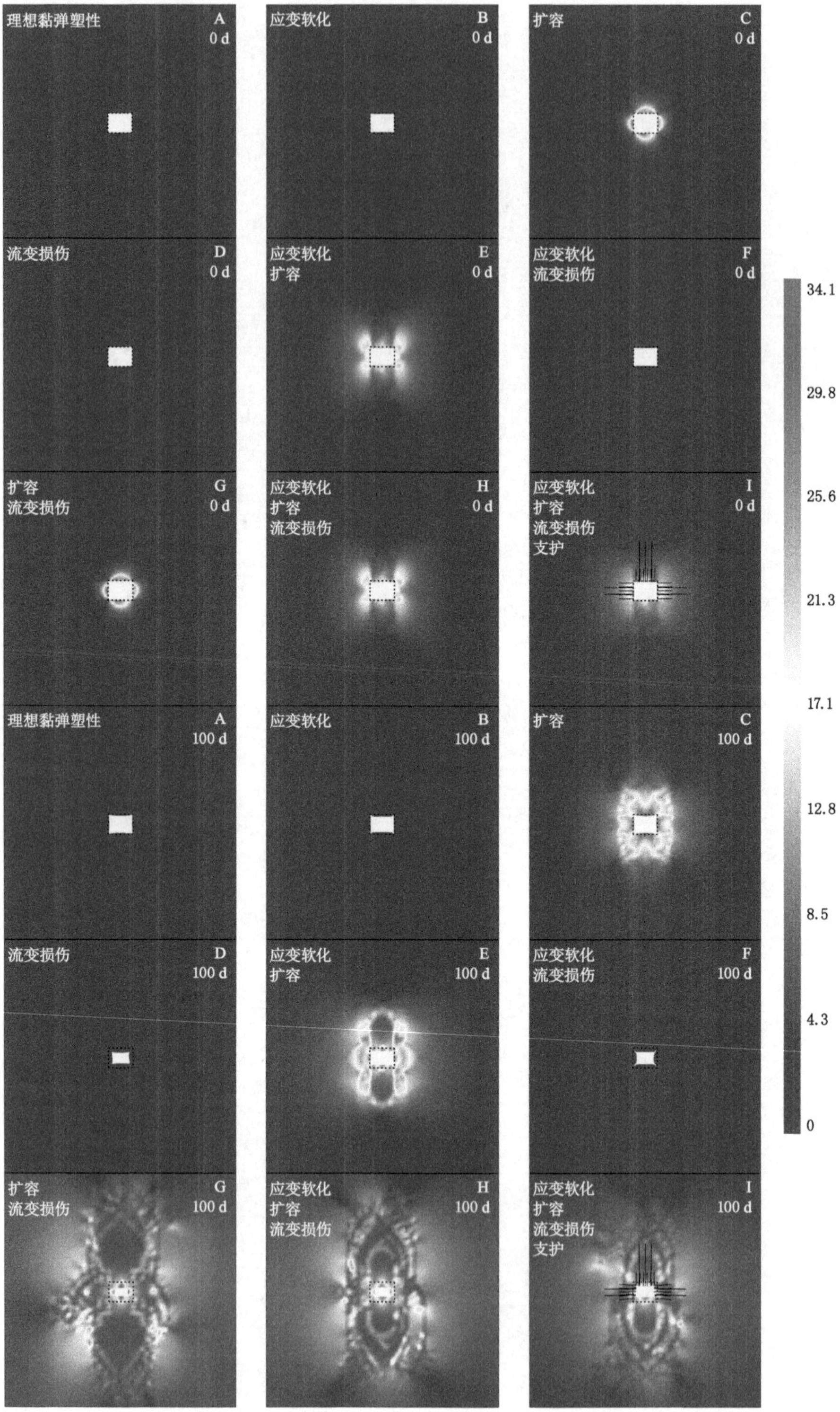

图 3-14　围岩扩容角[单位:(°)]

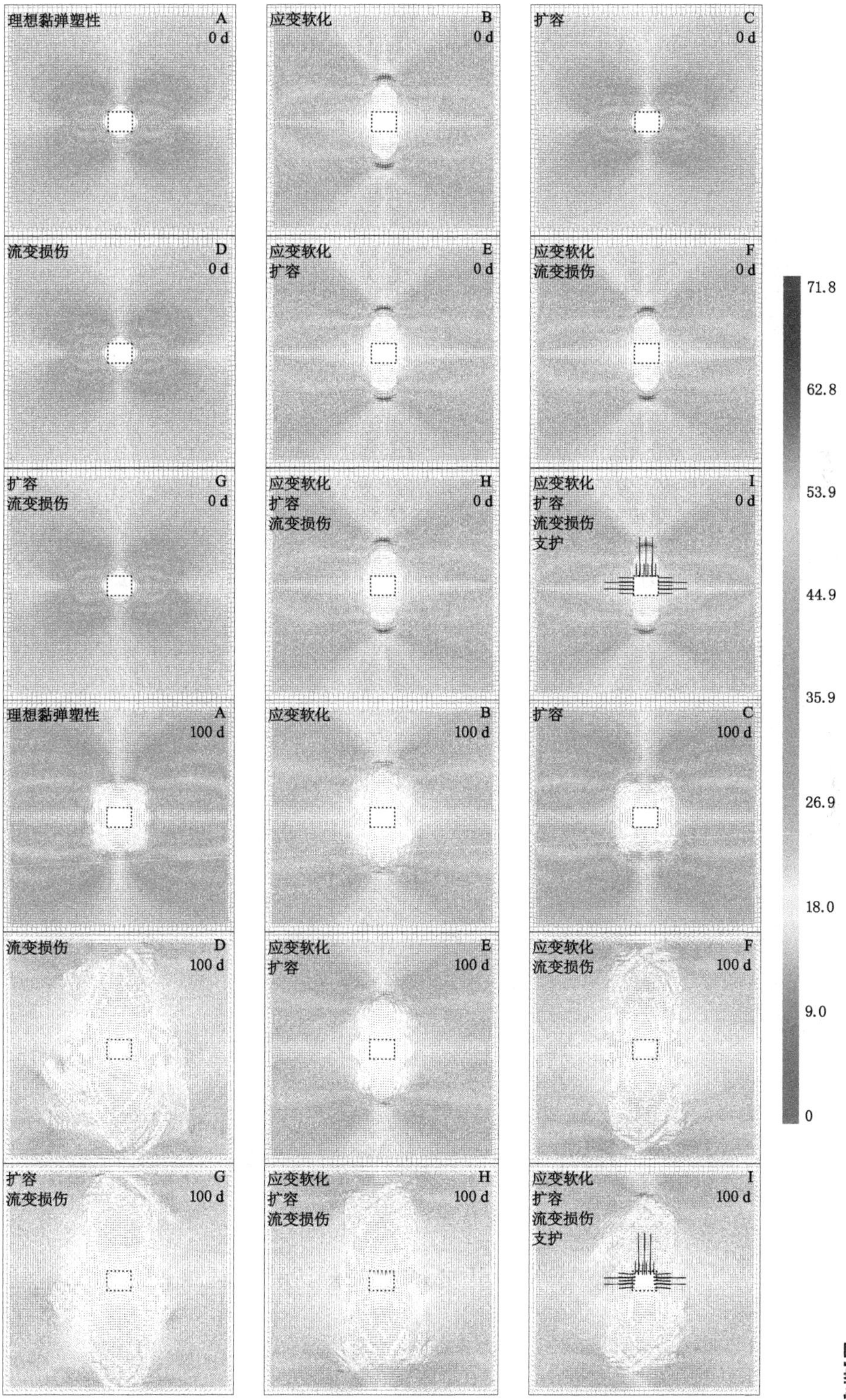

图 3-15　围岩主应力张量(以 σ_1 染色,单位:MPa)

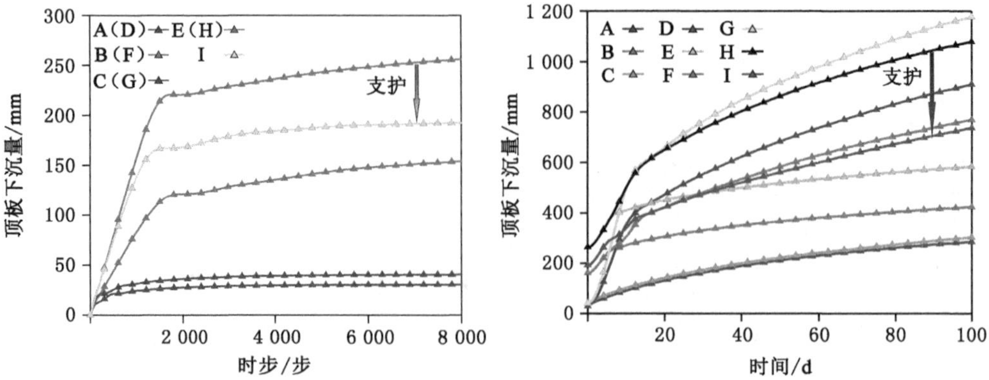

(a) 瞬时弹塑性阶段　　(b) 流变阶段

图 3-16　顶板下沉量变化规律

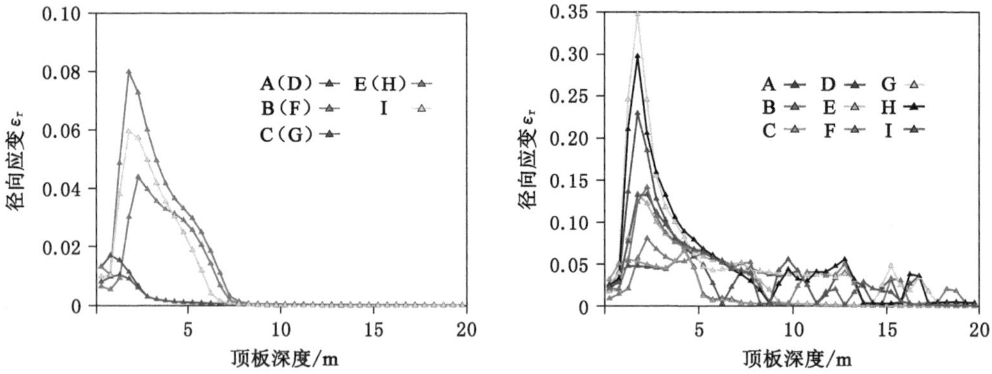

(a) 瞬时弹塑性阶段　　(b) 流变阶段

图 3-17　顶板径向应变分布

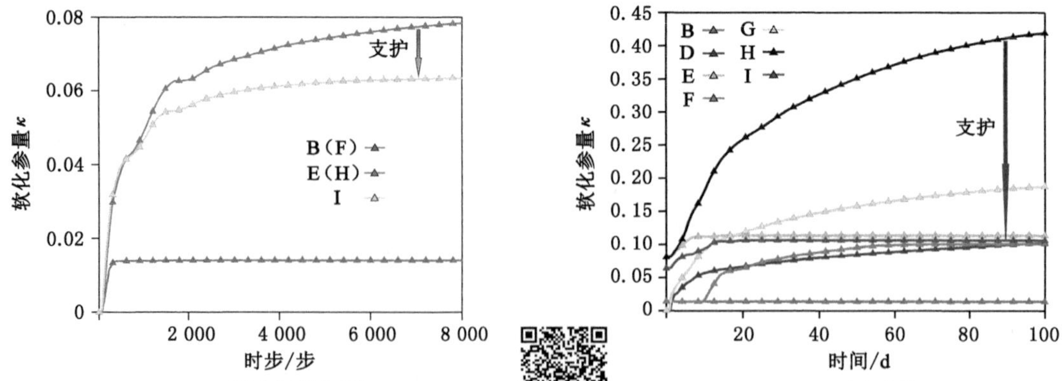

(a) 瞬时弹塑性阶段　　(b) 流变阶段

图 3-18　顶板软化参量变化规律

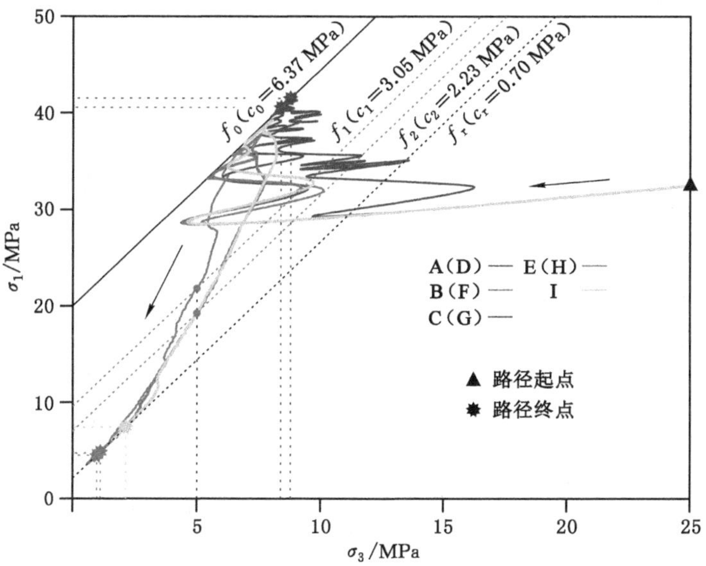

图 3-19 瞬时弹塑性阶段顶板应力路径(简化至 σ_1-σ_3 平面)

增大。对于方案 A,围岩为理想黏弹塑性体情况下,巷道顶板下沉量和底鼓量仅为 285 mm,单侧巷帮移近量仅为 212 mm,这对于深井软岩流变巷道而言,围岩位移量过小[216]。由方案 B、C 和 E 与方案 A 对比可知,应变软化与扩容在流变阶段的影响与瞬时弹塑性阶段相似,即应变软化使围岩位移量大幅增大,扩容使围岩位移量略微增大,且两者存在协同效应。由方案 D 与 A 对比可知,仅考虑流变损伤情况下,巷道围岩位移量大幅增大且顶底板、两帮位移量已不对称(考虑流变损伤的方案均会出现这种情况):巷道顶板下沉量、底鼓量、左帮移近量和右帮移近量分别增大至 913 mm、935 mm、832 mm 和 869 mm,这验证了 3.1.3 小节中流变损伤使巷道围岩表面位移量随时间延长而增大的观点。由方案 F 与方案 A 对比可知,同时考虑应变软化与流变损伤情况下,巷道围岩位移量大幅增大:巷道顶板下沉量、底鼓量、左帮移近量和右帮移近量分别增大至 772 mm、766 mm、773 mm 和 776 mm,但与仅考虑流变损伤的方案 D 相比位移量较小,这是因为考虑应变软化会在瞬时弹塑性阶段使围岩显著卸荷,即流变在较低应力环境下起始,从而导致牛顿体、凯尔文体和改进黏塑性体应变率降低[由图 3-16(b)可知,在流变起始阶段方案 F 较方案 D 顶板下沉量增速低]。由方案 G 与 A 对比可知,同时考虑扩容与流变损伤情况下,巷道围岩位移量显著增大:巷道顶板下沉量、底鼓量、左帮移近量和右帮移近量分别增大至 1 207 mm、1 158 mm、1 163 mm 和 1 149 mm;以顶板下沉量为例,方案 C 较方案 A 增大 18 mm,方案 D 较方案 A 增大 628 mm,而方案 G 较方案 A 增大 922 mm,显著大于方案 C 与 D 之和,这验证了 3.2.2 小节中流变损伤与扩容存在协同效应的观点。由方案 H 与 A 对比可知,同时考虑应变软化、扩容与流变损伤情况下,巷道围岩位移量显著增大:巷道顶板下沉量、底鼓量、左帮移近量和右帮移近量分别增大至 1 104 mm、1 045 mm、1 038 mm 和 954 mm,但与同时扩容与流变损伤的方案 G 相比位移量较小,这也是因为应变软化使流变在较低应力环境下起始[由图 3-16(b)可知,在流变起始阶段方案 H 较方案 G 顶板下沉量增速低]。由方案 I 与 H 对比可知，锚杆支护使巷道围岩位移量显著减小(无支护底板底鼓量仅小幅度减小)：巷道顶板下沉量、底鼓量、左帮移近量和右帮移近量分别减小至 811 mm、997 mm、767 mm 和 746 mm。

此外，围岩表面位移量由径向应变 ε_r 构成，图 3-17 以顶板为例呈现了不同深度围岩径向应变对表面位移量的贡献。在瞬时弹塑性阶段，方案 A 和 C 不考虑应变软化，径向应变整体较小，且围岩产生径向应变的深度也较小(约 3 m)；考虑扩容的方案 C 围岩径向应变较方案 A 仅小幅度增大；方案 B、E 和 I 考虑应变软化，径向应变显著增大，且围岩产生径向应变的深度也增大(约 7 m)；由方案 E 和 B 对比可知，考虑扩容将使径向应变进一步增大；由方案 I 和 E 对比可知，锚杆支护使径向应变显著减小。在流变阶段，考虑流变损伤的方案径向应变整体较大；由方案 I 和 H 对比可知，锚杆支护在流变阶段也使径向应变显著减小；此外，巷道围岩发生流变损伤后产生径向应变的区域已不连续，发生应变局部化[236]。

3.3.2.3　围岩劣化分析

在瞬时弹塑性阶段，由图 3-12 和图 3-13 可知，对于围岩为理想黏弹塑性体的方案 A，顶底板塑性区深度为 3.0 m，巷帮塑性区深度为 1.5 m；围岩塑性区与弹性区黏聚力相等，均为初始黏聚力 6.37 MPa，这表明该方案下围岩浅部已破坏部分与深部未破坏部分强度相同，显然不合理。由方案 B 与 A 对比可知，仅考虑应变软化使围岩塑性区范围大幅增大：顶底板塑性区深度增大至 7.0 m，巷帮塑性区深度增大至 2.0 m；围岩塑性区黏聚力显著降低，且一部分降低至残余值 0.70 MPa，此外，围岩劣化主要发生在顶底板，两帮不明显。由方案 C 与 A 对比可知，仅考虑扩容围岩塑性区几乎无变化，这验证了 3.1.2 小节中仅考虑扩容围岩塑性区范围几乎不会发生变化的观点。由方案 E 与 B 对比可知，在考虑应变软化的基础上考虑扩容使围岩塑性区范围进一步增大：顶底板塑性区深度增大至 7.5 m，巷帮塑性区深度为 2.0 m(深度不变但范围增大)；围岩塑性区黏聚力进一步降低，且顶底板和两帮均显著劣化，这验证了 3.2.1 小节中扩容促进应变软化的观点；由方案 I 与 E 对比可知，锚杆支护使塑性区范围减小(无支护底板除外)：顶板塑性区深度减小至 6.5 m，巷帮塑性区深度减小至 1.5 m；围岩劣化程度减弱：顶板围岩发生劣化的范围减小，巷帮围岩劣化已不明显。

在流变阶段，由图 3-12 和图 3-13 可知，各方案围岩塑性区范围均较瞬时弹塑性阶段增大。对于围岩为理想黏弹塑性体的方案 A，顶底板塑性区深度为 5.0 m，巷帮塑性区深度为 3.5 m，围岩塑性区强度仍未降低。由方案 B、C 和 E 与方案 A 对比可知，应变软化和扩容在流变阶段的影响与瞬时弹塑性阶段相似，即应变软化使塑性区范围大幅增大，扩容几乎无影响。由方案 D 与 A 对比可知，仅考虑流变损伤情况下，围岩塑性区范围大幅增大：巷道顶板、底板、左帮和右帮塑性区深度分别增大至 19.5 m、21.0 m、8.0 m 和 8.0 m；围岩显著劣化，部分区域黏聚力已降低至残余值 0.70 MPa；此外，塑性区和发生围岩劣化的范围已不对称、不连续(考虑流变损伤的方案均会出现这种情况)，呈分区破裂形态。由方案 F 与 D、H 与 G 对比可知，在考虑流变损伤的基础上考虑应变软化会使塑性区范围减小，这是因为应变软化使流变在较低应力环境下起始，流变初期较低的过应力使改进黏塑性体剪应变 γ^V 累积减慢，从而使流变损伤启动延迟(这是由计算步骤导致的，不代表应变软化抑制流变损伤)。由方案 I 与 H 对比可知，锚杆支护使塑性区范围减小(无支护底板除外)：顶板塑性区深度由 18.0 m 减小至 15.5 m，左帮塑性区深度由 6.0 m 减小至 5.0 m，右帮塑性区深度由

6.5 m 减小至 4.5 m；顶板和巷帮围岩发生劣化的范围也减小。

图 3-18 以顶板 1.75 m 深处为例呈现了围岩软化参量 κ 的变化。在瞬时弹塑性阶段，对于仅考虑应变软化的方案 B，κ 增大至 0.014 即保持稳定；由方案 E 与 B 对比可知，在考虑应变软化的基础上考虑扩容，κ 增大至 0.079，这验证了 3.2.1 小节中扩容导致应变软化进程加快的观点；由方案 I 与 E 对比可知，锚杆支护使 κ 减小至 0.063，这表明锚杆支护可抑制应变软化。在流变阶段，对于仅考虑应变软化的方案 B，软化参量 κ 无变化；对于同时考虑应变软化与扩容的方案 E，κ 在流变初期增大而后趋于稳定；由方案 F 与 B、H 与 E 对比可知，在应变软化的基础上考虑流变损伤，可使 κ 增大，这验证了 3.2.1 小节中流变损伤使应变软化进程加快的观点；由方案 F 与 D、H 与 G 对比可知，在流变损伤的基础上考虑应变软化，虽然流变损伤启动延迟（由计算步骤导致），但 κ 增速更高，导致考虑应变软化的方案 κ 值更高，这验证了 3.2.1 小节中应变软化使流变损伤进程加快的观点；由方案 I 与 H 对比可知，锚杆支护使 κ 由 0.41 减小至 0.11，这表明锚杆支护可抑制流变损伤。

3.3.2.4　围岩应力分析

由图 3-15 可知，在瞬时弹塑性阶段，对于不考虑应变软化的方案 A 和 C，围岩卸荷范围均较小，应力集中系数也较小，最大应力集中系数出现在顶底板 3.0 m 深度左右，约为 1.62。对于考虑应变软化且无支护的方案 B 和 E，围岩卸荷范围显著增大，应力集中系数也显著增大，最大应力集中系数出现在顶底板 6.5 m 深度左右，约为 2.22。由方案 I 与 E 对比可知，锚杆支护使围岩卸荷范围明显减小（无支护底板除外），应力集中系数略微降低，最大应力集中系数出现在顶板 5.5 m 深度左右，约为 2.15。在流变阶段，各方案围岩卸荷范围均较瞬时弹塑性阶段增大，但应力集中系数普遍降低。对于考虑流变损伤且无支护的方案（D、F、G 和 H）围岩卸荷范围增大最为明显，最大应力集中系数出现在顶底板 19.0 m 深度左右，均不超过 2.08。由方案 I 和 H 对比可知，锚杆支护使围岩卸荷范围明显减小，应力集中系数略微降低，最大应力集中系数出现在顶板 17.0 m 深度左右，约为 1.98。

图 3-19 呈现了顶板中部 2.25 m 深处瞬时弹塑性阶段的应力路径，可以看到所有方案在开挖后均发生了显著的径向卸荷（σ_3减小），之后随着浅层围岩破坏导致应力转移而发生切向加载（σ_1增大），这导致应力点逐渐接近并落在初始屈服面 f_0上，发生初次屈服。不同的是，对于不考虑应变软化的 A 和 C 方案，应力点持续在初始屈服面 f_0上发生塑性流动直到平衡，由应力路径终点位置可知，考虑扩容的方案 C 达到平衡后围岩承载能力较方案 A 更强。对于考虑应变软化的 B、E 和 I 方案，应力点在初始屈服面 f_0上发生短暂塑性流动后，屈服面不断收缩至残余黏聚力对应的屈服面 f_r，随后继续在 f_r上发生塑性流动直到平衡。由方案 B 与 E 对比可知，在 $\sigma_3=5$ MPa 时，不考虑扩容的方案 B 屈服面收缩至 f_1（对应黏聚力 $c=3.05$ MPa），而考虑扩容的方案 E 屈服面已收缩至 f_2（对应黏聚力 $c=2.23$ MPa），这验证了 3.2.1 小节中扩容导致应变软化进程加快的观点，此外，两方案达到平衡后围岩承载能力相近。由方案 I 与 E 对比可知，降低至残余黏聚力前，锚杆支护对巷道浅部围岩应力路径无显著影响，对应变软化进程也无显著影响；但降低至残余黏聚力后，锚杆支护使围压 σ_3增大，进而使围岩有着更高的承载能力。

3.3.2.5　围岩扩容角分析

在瞬时弹塑性阶段，由图 3-14 可知，对于仅考虑扩容的方案 C，围岩扩容角峰值较大，达到 33.4°，这是因为扩容角随围压 σ_3和软化参量 κ 增大而减小，仅考虑扩容情况下 σ_3降低

而 κ 恒为 0，从而使扩容角峰值较大，但较大扩容角仅分布在围岩浅层（深度 1.2 m 内），因此未使围岩变形量显著增大。由方案 E 与 C 对比可知，在考虑扩容的基础上考虑应变软化，虽然 κ 增大使扩容角峰值降低至 23.0°，但围岩大范围卸荷使 σ_3 大范围降低，导致较大扩容角分布范围显著增大，这验证了 3.2.1 小节中应变软化一方面使扩容角增大而另一方面使扩容角减小的观点。由方案 I 与 E 对比可知，锚杆支护使扩容角峰值减小至 20.7°，此外较大扩容角分布范围也显著减小，这是因为锚杆支护使围岩 σ_3 升高而 κ 减小，从而表明锚杆支护可抑制扩容。

在流变阶段，由图 3-14 可知，对于考虑扩容的方案，较大扩容角分布范围均增大。由方案 G 与 C 对比可知，在考虑扩容的基础上考虑流变损伤使扩容角峰值由 34.1°降低至 32.7°，而较大扩容角分布范围显著增大，这是因为流变损伤与应变软化相似，也会使 σ_3 大范围降低而 κ 增大，这验证了 3.2.1 小节中流变损伤一方面使扩容角增大而另一方面使扩容角减小的观点。由方案 I 与 H 对比可知，锚杆支护使扩容角峰值由 28.3°减小至 25.9°，此外较大扩容角分布范围也显著减小，这是因为锚杆支护使围岩 σ_3 升高而 κ 减小，从而表明锚杆支护在流变阶段也可抑制扩容。

3.3.2.6 锚杆支护作用机理

在考虑应变软化、扩容与流变损伤条件下，经方案间对比，3.3.2.2 至 3.3.2.5 小节从不同方面分析了锚杆支护的作用：3.3.2.2 小节得出锚杆支护使巷道围岩表面位移量和径向应变 ε_r 显著减小的结论；3.3.2.3 小节得出锚杆支护使软化参量 κ 减小，抑制应变软化与流变损伤，进而使围岩塑性区和发生劣化的范围减小的结论；3.3.2.4 小节得出锚杆支护使围岩卸荷范围减小、围压 σ_3 增大，进而导致围岩有着更高的承载能力的结论；3.3.2.4 小节得出锚杆支护使围岩扩容角峰值和较大扩容角分布范围均减小的结论。

由以上各方面作用可推断出深部巷道锚杆支护的作用机理：提高巷道浅部围岩残余强度，加强其对深部围岩约束，抑制围岩应变软化、扩容与流变损伤，进而使巷道围岩塑性区及表面位移量显著减小。因此，在巷道开挖后应及时支护，减弱围岩劣化程度，充分发挥围岩自承能力。

3.4 本章小结

（1）基于第 2 章提出的 BVS 模型，分析了应变软化、扩容与流变损伤的分别影响：应变软化使巷道围岩表面位移量和塑性区显著增大；扩容使围岩表面位移量略微增大，对塑性区几乎无影响；流变损伤使围岩表面位移量和塑性区随时间延长而增大。

（2）应变软化、扩容与流变损伤存在相互作用：应变软化和流变损伤一方面导致软化参量 κ 增大、扩容角 ψ 减小，另一方面导致巷道围岩围压 σ_3 减小、扩容角 ψ 增大，因此应变软化和流变损伤对扩容的作用较为复杂；应变软化和流变损伤均导致软化参量 κ 增大，进而加快彼此进程，此外，应变软化和流变损伤导致的围岩劣化也会降低彼此启动应力；扩容角增大导致软化参量 κ 增大，进而加速应变软化和流变损伤进程。

（3）应变软化、扩容与流变损伤存在协同效应：应变软化和流变损伤是相互促进的；扩容会放大应变软化和流变损伤的影响；应变软化和流变损伤对扩容的作用难以判定。单独考虑应变软化或流变损伤均会使围岩变形量和塑性区显著增大，单独考虑扩容影响很小。

因此，同时考虑任意两种力学特性，对围岩变形与破坏的影响要比分别考虑两种力学特性的影响之和更大，即存在协同效应。此外，任意两种力学特性存在协同效应，则三种力学特性也存在协同效应。

(4) 采用 BVS 模型对深部巷道进行数值模拟，验证了以上理论分析的观点，并得出深部巷道围岩锚杆支护作用机理：提高巷道浅部围岩残余强度，加强其对深部围岩约束，抑制围岩应变软化、扩容与流变损伤，进而使巷道围岩塑性区及表面位移量显著减小。因此，在巷道开挖后应及时支护，减弱围岩劣化程度，充分发挥围岩自承能力。

4 深部巷道围岩劣化的方向差异

在上文分析中，围岩应变软化与流变损伤在各方向是均匀的，但由1.2.5小节可知，理论分析、岩样尺度数值模拟和现场钻孔窥视结果都证明巷道围岩劣化具有方向差异。本章采用真三轴电液伺服试验机对细砂岩试样进行加载，模拟分析围岩单元在轴向约束下的劣化过程，从面内和轴向强度差异角度验证围岩劣化方向差异；对试验后的破裂岩样进行CT扫描，观察裂纹形态与方向，从裂纹分布规律角度验证围岩劣化方向差异。因考虑围岩劣化方向差异会使本构模型更为复杂，且这种方向差异仅在巷道近似平面应变状态的区段（巷道远离掘进工作面且未受采煤工作面超前支承压力影响的区段）较为显著，将围岩劣化方向差异作为可选模块引入BVS模型，基于此分析其对深部巷道围岩变形与破坏的影响。

4.1 考虑位移约束的真三轴试验

4.1.1 试验机和试样制备

本次试验采用图4-1所示的TRW-3000型真三轴电液伺服试验机，该试验机适用于边长为50～300 mm的立方体岩样。载荷由液压缸产生，经高刚度压板传递至岩样。x、y和z方向可独立加载，最大载荷分别为2 000 kN、2 000 kN和3 000 kN，加载速率为10 N/s～10 kN/s。

(a) TRW-3000型试验机　(b) 压力室　(c) 立方体细砂岩试样

图4-1　真三轴试验机与细砂岩试样

制备图4-1(c)所示的立方体细砂岩试样（岩样原生越均质，对次生的劣化方向差异干扰越少，越易验证，因此选用均质性好且表面无可见裂隙的细砂岩试样）5块用于真三轴试验，编号s-1～s-5，边长为100 mm，其基本力学参数见表4-1（由单轴压缩、巴西劈裂和变角模剪切试验测得）。岩样装载前在每个表面均匀涂抹凡士林并贴附聚四氟乙烯薄膜，以减弱端面摩擦效应。

表 4-1 细砂岩试样基本物理力学参数

弹性模量/GPa	泊松比	单轴抗压强度/MPa	抗拉强度/MPa	黏聚力/MPa	内摩擦角/(°)	密度/(g/cm³)
4.31	0.22	39.71	2.32	9.62	41	2.37

4.1.2 试验方案

为验证围岩劣化方向差异，采用立方体岩样模拟图 1-4 中围岩单元(模拟围岩单元在轴向约束下的劣化过程，而非应力路径)。试验机 x、y 和 z 方向分别对应巷道径向、轴向和切向。首先 z 方向加载至某一特定面内峰后强度 σ_I，然后进行 y 方向加载测得对应轴向强度 σ_A，若 $\sigma_I > \sigma_A$，则围岩劣化的方向差异存在。加载步骤如下：

(1) x，y 和 z 方向同时加载至 8 MPa(应力控制，0.05 MPa/s)。

(2) x 方向载荷保持 8 MPa，y 方向恒定应变(巷道轴向约束)，z 方向加载至峰值 σ_p，然后卸荷至 σ_I 时停止加载(σ_I 难以预先精确确定，但可通过实时观测试验机曲线及时停止加载，以保证岩样 s-1～s-4 的 σ_I/σ_p 依次减小；位移控制，2.5 μm/s；发生面内破坏)，记录此时 y 方向应力为 σ_{y0}。

(3) x 方向载荷保持 8 MPa，y 方向恒定应变，z 方向卸荷至 σ_{y0}(应力控制，0.2 MPa/s)。

(4) x 方向载荷保持 8 MPa，z 方向载荷保持 σ_{y0}，y 方向加载至出现峰值 σ_{as}(位移控制，2.5 μm/s；发生轴向破坏)。这是为了在对比 σ_I 和 σ_A 时，排除中间和最小主应力的影响。

岩样 s-5 完成加载步骤(2)后即卸荷，用于观测围岩面内劣化产生的宏观裂纹，其余岩样均完成所有加载步骤，用于验证围岩劣化方向差异，并获取本构模型所需数据。

4.1.3 试验结果

试验机应力-时间曲线如图 4-2 所示，岩样破裂形态如图 4-3 所示，岩样 s-5 CT 扫描结果如图 4-4 所示。z 方向达到应力峰值、z 方向停止加载和 y 方向达到应力峰值时对应三向应力见表 4-2。

表 4-2 试验机不同时刻三向应力 单位：MPa

岩样编号	z 方向达到峰值应力			z 方向停止加载			y 方向达到峰值应力		
	x	y	z	x	y	$z(\sigma_I)$	x	$y(\sigma_A)$	z
s-1	8.001	24.143	102.245	8.002	23.495	90.302	7.999	98.671	23.497
s-2	8.000	31.440	105.311	8.000	25.205	74.583	8.001	88.558	25.205
s-3	7.999	30.588	110.604	7.998	25.582	75.801	8.000	91.897	25.580
s-4	8.001	36.092	106.012	8.000	27.513	67.972	7.998	80.621	27.511
s-5	7.998	34.590	110.060						

由图 4-3 和表 4-2 可知，所有岩样在峰后发生了显著劣化。除岩样 s-5 用于观测围岩面内劣化产生的宏观裂纹外，岩样 s-1～s-4 在 z 方向加载至峰后强度 σ_I 并停止加载后，y 方向

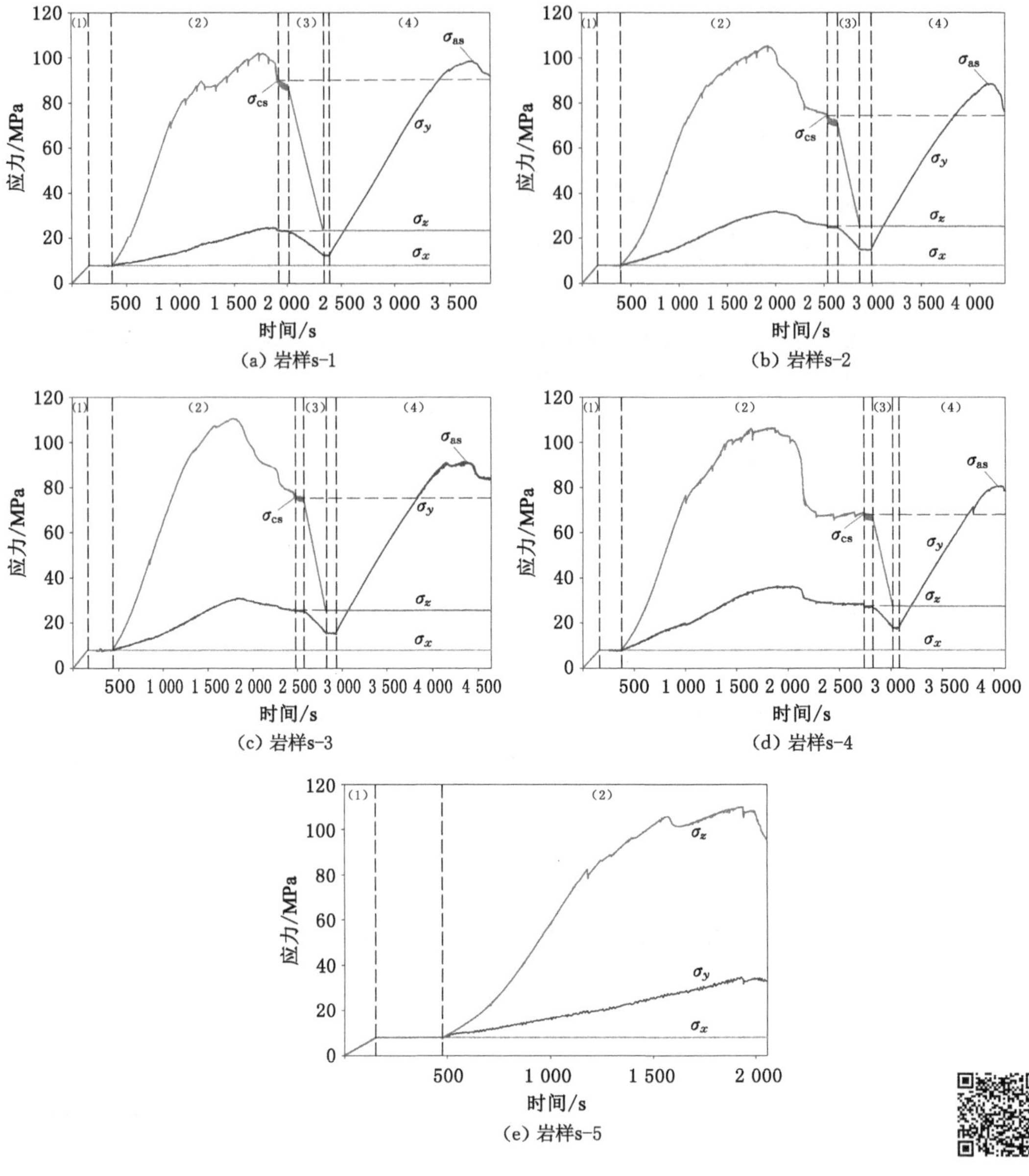

(a) 岩样s-1

(b) 岩样s-2

(c) 岩样s-3

(d) 岩样s-4

(e) 岩样s-5

图 4-2 试验机应力-时间曲线[加载步骤(1)～(4)与 4.1.2 小节对应]

强度σ_A显著高于σ_I，这表明巷道围岩由面内应力控制的破坏会使面内强度降幅比轴向强度降幅更大，也就是说，巷道围岩劣化存在方向差异。

由图 4-3 和图 4-4 可知，在真三轴应力环境下，所有岩样均发生了剪切破坏，z 方向加载至残余强度的岩样 s-4 有着错动量最大且贯通程度最高的剪切裂纹，这验证了文献[61]中的岩石强度劣化是裂纹错动和扩展的结果的结论。岩样 s-5 未进行 y 方向强度测试，y 方向始终保持恒定应变，因此该试样裂纹形态可代表图 1-4 中巷道围岩单元裂纹形态，经对比可知，岩样和围岩单元表面裂纹形态高度相似，特别是垂直于 y 方向(巷道轴向)的表面裂

(a) 岩样s-1

(b) 岩样s-2

(c) 岩样s-3

(d) 岩样s-4

(e) 岩样s-5

图 4-3　岩样破裂形态

纹形态;岩样 CT 切片显示,宏观剪切裂纹近似平行于 y 方向。这验证了 1.2.5 小节中围岩劣化存在方向差异的机理:巷道围岩在轴向位移约束情况下,裂纹难以在巷道断面内错动和扩展,而易于在平行于轴向的平面簇内错动和扩展。

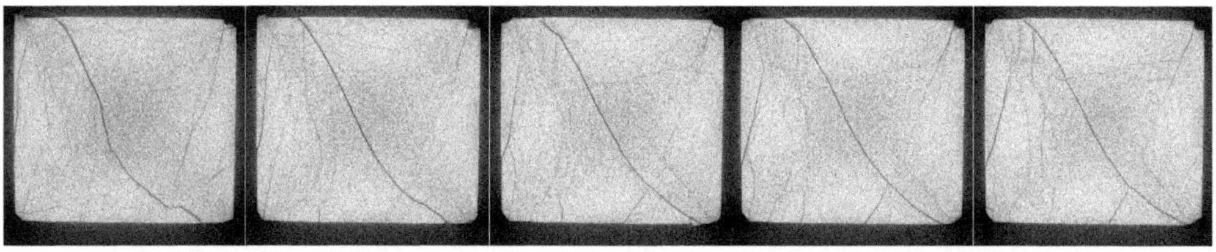

y=10　　y=20　　y=30　　y=40　　y=50

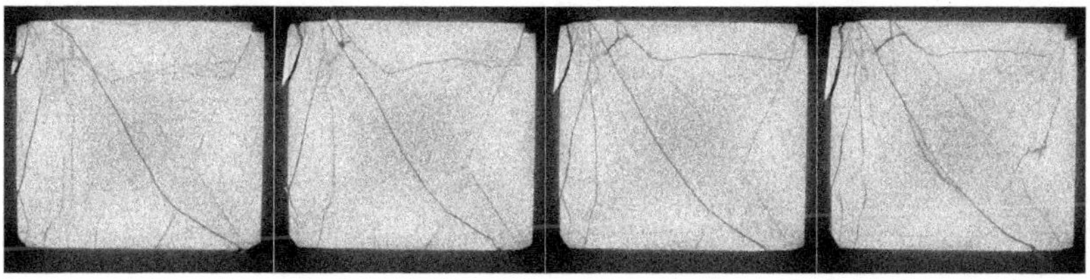

y=60　　y=70　　y=80　　y=90

图 4-4　岩样 s-5 沿 y 方向 CT 切片(单位:mm)

4.2 围岩劣化方向差异的实现

4.2.1 面内与轴向强度劣化差异

在考虑围岩劣化方向差异的情况下，巷道围岩面内强度 σ_I 与轴向强度 σ_A 劣化进程不同，这表明面内黏聚力 c_I 与轴向黏聚力 c_A 不相等，对应长期黏聚力 $c_{I\infty}$ 和 $c_{A\infty}$ 也不相等，因此面内和轴向有着参数不同的瞬时和长期屈服函数（压为正）：

$$f_I = \sigma_t - \sigma_r N_\varphi - 2c_I \sqrt{N_\varphi} \tag{4-1}$$

$$f_A = \sigma_a - \sigma_r N_\varphi - 2c_A \sqrt{N_\varphi} \tag{4-2}$$

$$f_{I\infty} = \sigma_t - \sigma_r N_\varphi - 2c_{I\infty} \sqrt{N_\varphi} \tag{4-3}$$

$$f_{A\infty} = \sigma_a - \sigma_r N_\varphi - 2c_{A\infty} \sqrt{N_\varphi} \tag{4-4}$$

式中　f_I、f_A——瞬时面内和轴向屈服函数；

$f_{I\infty}$、$f_{A\infty}$——长期面内和轴向屈服函数；

σ_t、σ_r、σ_a——切向、径向和轴向主应力。

一般情况下，在某一循环内，f_I 和 f_A 或 $f_{I\infty}$ 和 $f_{A\infty}$ 中仅有一个大于 0，也就是面内和轴向屈服几乎不会同时发生。但极少数情况下，f_I 和 f_A 或 $f_{I\infty}$ 和 $f_{A\infty}$ 会同时大于 0，因此假设：若 $f_I > f_A$ 或 $f_{I\infty} > f_{A\infty}$，即面内屈服趋势更显著，则判定为面内屈服，反之亦然。

c_I 和 c_A 或 $c_{I\infty}$ 和 $c_{A\infty}$ 不相等，则对应的软化参量也不相等，将式(2-81)和式(2-85)改写得到 c_I、c_A、$c_{I\infty}$ 和 $c_{A\infty}$ 的表达式：

$$c_I = c_0 \left[1 - \frac{\tanh(100\kappa_I)}{\tanh 10} + 0.001\right]^{a_c} \tag{4-5}$$

$$c_A = c_0 \left[1 - \frac{\tanh(100\kappa_A)}{\tanh 10} + 0.001\right]^{a_c} \tag{4-6}$$

$$c_{I\infty} = \begin{cases} c_I \left[k_c + \dfrac{\kappa_I}{\kappa_r}(1 - k_c)\right], \kappa_I \leqslant \kappa_r \\ c_I, \kappa_I > \kappa_r \end{cases} \tag{4-7}$$

$$c_{A\infty} = \begin{cases} c_A \left[k_c + \dfrac{\kappa_A}{\kappa_r}(1 - k_c)\right], \kappa_A \leqslant \kappa_r \\ c_A, \kappa_A > \kappa_r \end{cases} \tag{4-8}$$

式中，κ_I 和 κ_A 分别为面内和轴向软化参量，其表达式可由式(2-84)改写得到（增量形式）：

$$\Delta\kappa_I = \Delta\gamma_I^S = \Delta\varepsilon_t^S - \Delta\varepsilon_r^S \tag{4-9}$$

$$\Delta\kappa_A = \Delta\gamma_A^S = \Delta\varepsilon_a^S - \Delta\varepsilon_r^S \tag{4-10}$$

式中，$\Delta\gamma_I^S$ 和 $\Delta\gamma_A^S$ 分别为面内和轴向塑性剪应变增量；$\Delta\varepsilon_t^S$、$\Delta\varepsilon_r^S$ 和 $\Delta\varepsilon_a^S$ 分别为应变软化塑性体切向、径向和轴向主应变增量。

此外，还需改写式(2-88)和式(2-89)得到面内和轴向黏塑性剪应变及其与对应软化参量关系的表达式（增量形式）：

$$\Delta\gamma_I^V = \Delta\varepsilon_t^V - \Delta\varepsilon_r^V \tag{4-11}$$

$$\Delta\gamma_A^V = \Delta\varepsilon_a^V - \Delta\varepsilon_r^V \tag{4-12}$$

$$\Delta\kappa_{\mathrm{I}} = \begin{cases} 0, \gamma_{\mathrm{I}}^{\mathrm{V}} \leqslant \gamma_0^{\mathrm{V}} \\ k_\gamma \Delta\gamma_{\mathrm{I}}^{\mathrm{V}}, \gamma_{\mathrm{I}}^{\mathrm{V}} > \gamma_0^{\mathrm{V}} \end{cases} \tag{4-13}$$

$$\Delta\kappa_{\mathrm{A}} = \begin{cases} 0, \gamma_{\mathrm{A}}^{\mathrm{V}} \leqslant \gamma_0^{\mathrm{V}} \\ k_\gamma \Delta\gamma_{\mathrm{A}}^{\mathrm{V}}, \gamma_{\mathrm{A}}^{\mathrm{V}} > \gamma_0^{\mathrm{V}} \end{cases} \tag{4-14}$$

式中，$\Delta\gamma_{\mathrm{I}}^{\mathrm{V}}$ 和 $\Delta\gamma_{\mathrm{A}}^{\mathrm{V}}$ 分别为面内和轴向黏塑性剪应变增量；$\Delta\varepsilon_{\mathrm{t}}^{\mathrm{V}}$、$\Delta\varepsilon_{\mathrm{r}}^{\mathrm{V}}$ 和 $\Delta\varepsilon_{\mathrm{a}}^{\mathrm{V}}$ 分别为改进黏塑性体切向、径向和轴向主应变增量。

c_{I} 和 $c_{\mathrm{I}\infty}$ 为 κ_{I} 的函数，c_{A} 和 $c_{\mathrm{A}\infty}$ 为 κ_{A} 的函数，κ_{I} 由每循环计算所得 $\Delta\gamma_{\mathrm{I}}^{\mathrm{S}}$ 和 $\Delta\gamma_{\mathrm{I}}^{\mathrm{V}}$ 累积，κ_{A} 由每循环计算所得 $\Delta\gamma_{\mathrm{A}}^{\mathrm{S}}$ 和 $\Delta\gamma_{\mathrm{A}}^{\mathrm{V}}$ 累积，因此确定 $\Delta\gamma_{\mathrm{I}}^{\mathrm{S}}$、$\Delta\gamma_{\mathrm{I}}^{\mathrm{V}}$、$\Delta\gamma_{\mathrm{A}}^{\mathrm{S}}$ 和 $\Delta\gamma_{\mathrm{A}}^{\mathrm{V}}$ 即可实现强度参数与相关函数更新。由式(4-9)至式(4-12)可知，$\Delta\gamma_{\mathrm{I}}^{\mathrm{S}}$ 和 $\Delta\gamma_{\mathrm{A}}^{\mathrm{S}}$ 可由应变软化塑性体主应变增量 $\Delta\varepsilon_{\mathrm{t}}^{\mathrm{S}}$、$\Delta\varepsilon_{\mathrm{a}}^{\mathrm{S}}$ 和 $\Delta\varepsilon_{\mathrm{r}}^{\mathrm{S}}$ 确定，$\Delta\gamma_{\mathrm{I}}^{\mathrm{V}}$ 和 $\Delta\gamma_{\mathrm{A}}^{\mathrm{V}}$ 可由改进黏塑性体主应变增量 $\Delta\varepsilon_{\mathrm{t}}^{\mathrm{V}}$、$\Delta\varepsilon_{\mathrm{a}}^{\mathrm{V}}$ 和 $\Delta\varepsilon_{\mathrm{r}}^{\mathrm{V}}$ 确定，因此，应将式(2-47)和式(2-34)对应的塑性势函数改写为(瞬时和长期塑性势函数形式相同，此处不加以区分)：

$$g_{\mathrm{I}} = \sigma_{\mathrm{t}} - \sigma_{\mathrm{r}} N_\psi \tag{4-15}$$

$$g_{\mathrm{A}} = \sigma_{\mathrm{a}} - \sigma_{\mathrm{r}} N_\psi \tag{4-16}$$

式中，g_{I} 和 g_{A} 分别为面内和轴向屈服对应的塑性势函数。

根据式(4-1)至式(4-4)判定瞬时和长期屈服的形式(面内或轴向)后，选择对应塑性势函数。将式(4-15)或式(4-16)分别代入式(2-8)或式(2-6)表示的流动法则，即可得到应变软化塑性体主应变增量 $\Delta\varepsilon_{\mathrm{t}}^{\mathrm{S}}$、$\Delta\varepsilon_{\mathrm{a}}^{\mathrm{S}}$ 和 $\Delta\varepsilon_{\mathrm{r}}^{\mathrm{S}}$，以及改进黏塑性体主应变增量 $\Delta\varepsilon_{\mathrm{t}}^{\mathrm{V}}$、$\Delta\varepsilon_{\mathrm{a}}^{\mathrm{V}}$ 和 $\Delta\varepsilon_{\mathrm{r}}^{\mathrm{V}}$，进而确定面内屈服对应的 $\Delta\gamma_{\mathrm{I}}^{\mathrm{S}}$ 和 $\Delta\gamma_{\mathrm{I}}^{\mathrm{V}}$，以及轴向屈服对应的 $\Delta\gamma_{\mathrm{A}}^{\mathrm{S}}$ 和 $\Delta\gamma_{\mathrm{A}}^{\mathrm{V}}$。

由上文试验结果可知，在面内破坏过程中，轴向约束使裂纹错动与扩展有着特殊规律，导致轴向强度劣化程度比面内弱。因此，若计算循环内发生面内屈服，则 κ_{A} 累积较 κ_{I} 慢，采用流动法则计算得出 $\Delta\gamma_{\mathrm{I}}^{\mathrm{S}}$ 和 $\Delta\gamma_{\mathrm{I}}^{\mathrm{V}}$ 后，$\Delta\gamma_{\mathrm{A}}^{\mathrm{S}}$ 应大于 0 且小于 $\Delta\gamma_{\mathrm{I}}^{\mathrm{S}}$，$\Delta\gamma_{\mathrm{A}}^{\mathrm{V}}$ 应大于 0 且小于 $\Delta\gamma_{\mathrm{I}}^{\mathrm{V}}$，即 $\Delta\gamma_{\mathrm{A}}^{\mathrm{S}} = k_\kappa \Delta\gamma_{\mathrm{I}}^{\mathrm{S}}$，$\Delta\gamma_{\mathrm{A}}^{\mathrm{V}} = k_\kappa \Delta\gamma_{\mathrm{I}}^{\mathrm{V}}$，$0 < k_\kappa < 1$，此处假设 $\Delta\kappa_{\mathrm{A}}$ 与 $\Delta\kappa_{\mathrm{I}}$ 之比 k_κ 恒定(在 4.2.2 小节这一假设的合理性可得到验证)；若循环内发生轴向屈服，则围岩在无位移约束的情况下发生均匀劣化，采用流动法则计算得出 $\Delta\gamma_{\mathrm{I}}^{\mathrm{S}}$ 和 $\Delta\gamma_{\mathrm{I}}^{\mathrm{V}}$ 后，$\Delta\gamma_{\mathrm{A}}^{\mathrm{S}}$ 和 $\Delta\gamma_{\mathrm{A}}^{\mathrm{V}}$ 应分别等于 $\Delta\gamma_{\mathrm{I}}^{\mathrm{S}}$ 和 $\Delta\gamma_{\mathrm{I}}^{\mathrm{V}}$。至此，围岩劣化的方向差异已实现，但发生面内屈服时轴向与面内软化参量增量之比 k_κ 待定。

4.2.2　软化参量增量之比

根据表 4-2 中数据，首先计算出各岩样峰值黏聚力 c_0，z 方向停止加载时峰后面内黏聚力 c_{I} 和对应轴向黏聚力 c_{A}，接着由各岩样 c_{I}/c_0 和 c_{A}/c_0 可分别得到面内软化参量 κ_{I} 和轴向软化参量 κ_{A}，然后对全部岩样 κ_{I}-κ_{A} 数据对进行拟合，得到 κ_{A} 关于 κ_{I} 的函数 $\kappa_{\mathrm{A}}(\kappa_{\mathrm{I}})$，最后对 $\kappa_{\mathrm{A}}(\kappa_{\mathrm{I}})$求一阶导数即得 k_κ。

虽然本书本构模型采用便于工程应用的 M-C 准则，但中间主应力 σ_2 对真三轴应力环境下岩石强度有着显著影响[237-238]，因此采用 M-C 准则的三维扩展 Mogi-Coulomb 准则[239-240]导出黏聚力 c 计算公式，以考虑 σ_2 的影响。

$$\tau_{\mathrm{oct}} = a + b\left(\frac{\sigma_1 + \sigma_3}{2}\right) \tag{4-17}$$

$$\tau_{\mathrm{oct}} = \frac{1}{3}\sqrt{(\sigma_1 - \sigma_2)^2 + (\sigma_2 - \sigma_3)^2 + (\sigma_3 - \sigma_1)^2} \tag{4-18}$$

$$a = \frac{2\sqrt{2}}{3} c\cos\varphi \tag{4-19}$$

$$b = \frac{2\sqrt{2}}{3}\sin\varphi \tag{4-20}$$

式中　τ_{oct}——八面体剪应力；

a、b——材料参数；

σ_1、σ_3——最大和最小主应力。

由式(4-17)至式(4-20)，导出黏聚力 c 与 σ_2 有关的表达式：

$$c = \frac{1}{2}\sec\varphi\left[\sqrt{\sigma_1^2+\sigma_2^2-\sigma_2\sigma_3+\sigma_3^2-\sigma_1(\sigma_2+\sigma_3)}-(\sigma_1+\sigma_3)\sin\varphi\right] \tag{4-21}$$

将表 4-2 中数据代入式(4-21)，得到各岩样在不同时刻的黏聚力，见表 4-3。

表 4-3　岩样不同时刻黏聚力与软化参量

岩样编号	z 方向达到峰值应力		z 方向停止加载		y 方向达到峰值应力	
	c_0/MPa	κ_0	c_I/MPa	κ_I	c_A/MPa	κ_A
s-1	9.919	0	7.459	0.009 91	9.289	0.002 88
s-2	9.028	0	3.766	0.025 52	6.713	0.010 21
s-3	10.317	0	3.953	0.027 87	7.351	0.011 39
s-4	8.360	0	2.081	0.060 05	4.610	0.018 21

根据式(2-81)，当软化参量 κ 达到 0.06 时，岩石软化至残余强度。岩样 s-4 在 z 方向加载至残余强度后停止加载，即 c_I 为残余强度，将 c_0 和 c_I 代入式(2-81)可解得待定参数 $a_c=0.201\,62$。将表 4-3 中 c_I/c_0 和 c_A/c_0 分别代入式(4-5)和式(4-6)，解得各岩样 κ_I 和 κ_A，此外，峰值强度处软化参量 $\kappa_0=0$。

如图 4-5 所示，对各岩样 κ_I-κ_A 数据对和原点(作为软化参量，κ_I 和 κ_A 初值均为 0)进行拟合，得到 κ_A 关于 κ_I 的函数 $\kappa_A(\kappa_I)$。

$$\kappa_A(\kappa_I) = 0.001 + 0.301\kappa_I \tag{4-22}$$

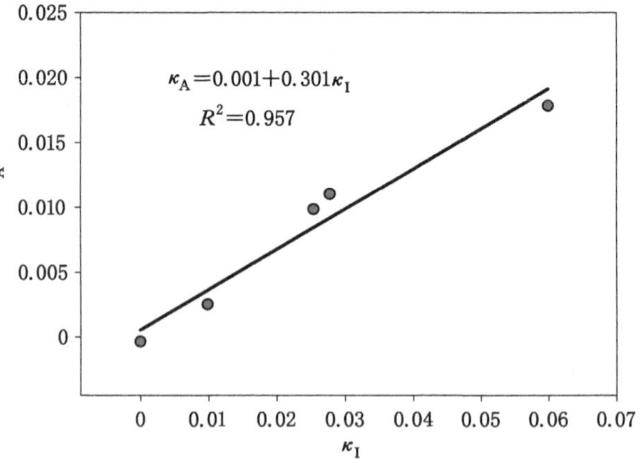

图 4-5　轴向与面内软化参量关系拟合结果

对式(4-22)求一阶导数，得到面内屈服时轴向与面内软化参量增量之比：

$$k_\kappa = \frac{\Delta\kappa_A}{\Delta\kappa_I} = \kappa_A{}'(\kappa_I) = 0.301 \tag{4-23}$$

4.3 引入围岩劣化方向差异的 BVS 模型

4.3.1 计算流程与数值实现

在第 2 章开发的 BVS 模型基础上，引入围岩劣化方向差异。新增主应力方向判别和屈服形式判别，并对屈服函数、流动法则、软化参量累积和应力修正过程进行相应修改。引入围岩劣化方向差异的 BVS 模型计算流程如图 4-6 所示。

4.3.2 校核

参照文献[222]中 oedometer test 方法，建立图 4-7 所示单一网格数值模型，力学参数取自表 3-1。分别对巷道围岩单元瞬时面内屈服、瞬时轴向屈服、长期面内屈服和长期轴向屈服四种情况进行模拟，监测面内黏聚力 c_I、轴向黏聚力 c_A、面内长期黏聚力 $c_{I\infty}$、轴向长期黏聚力 $c_{A\infty}$、面内软化参量 κ_I 和轴向软化参量 κ_A，以校核这些参数的变化规律。在瞬时屈服模拟中，模型初始应力设置为静水压力 5 MPa。对于面内瞬时屈服，径向(x 方向)边界恒定应力 5 MPa，轴向(y 方向)边界位移约束，切向(z 方向)边界以位移控制方式加载(1×10^{-5}/步)；对于轴向瞬时屈服，径向和切向边界均恒定应力 5 MPa，轴向边界以位移控制方式加载(1×10^{-5}/步)。在长期屈服模拟中，最小主应力 σ_3 设定为 5 MPa，由式(2-33)和式(2-46)可得到对应的长期和瞬时强度分别为 26.3 MPa 和 32.3 MPa，最大主应力 σ_1 应介于两者之间，使模型发生流变损伤又不至于瞬时失稳，此处 σ_1 取 30 MPa。对于面内长期屈服，径向边界恒定应力 5 MPa，轴向边界位移约束，切向边界恒定应力 30 MPa；对于轴向长期屈服，径向和切向边界均恒定应力 5 MPa，轴向边界恒定应力 30 MPa。校核结果如图 4-8 至图 4-11 所示。

由图 4-8 至图 4-11 可知，发生瞬时和长期面内屈服时，面内软化参量 κ_I 累积较轴向软化参量 κ_A 快，导致面内黏聚力 c_I 和面内长期黏聚力 $c_{I\infty}$ 降低速度分别较轴向黏聚力 c_A 和轴向长期黏聚力 $c_{A\infty}$ 快，即围岩劣化存在方向差异；发生瞬时和长期轴向屈服时，面内软化参量 κ_I 累积与轴向软化参量 κ_A 等速，导致面内黏聚力 c_I 和面内长期黏聚力 $c_{I\infty}$ 降低速度分别与轴向黏聚力 c_A 和轴向长期黏聚力 $c_{A\infty}$ 相等，即围岩均匀劣化。监测结果与 4.2 节中理论分析结果一致，本构模型开发正确，可供后续研究使用。

4.4 围岩劣化方向差异对围岩变形与破坏的影响

4.4.1 数值模拟方案

采用与 3.3.1 小节相同的数值模型，边界条件和材料参数也与之相同。为分析巷道围岩劣化方向差异对围岩变形与破坏的影响，采用与 3.3.1 小节不同的初始条件：埋深 1 000 m 和侧向地应力比值 1.3 不变，但轴向地应力比值设定为 1(轴向地应力接近或略低于水平地应力情况下，面内屈服更为明显，便于方案间对比分析)。采用 BVS 模型分别对围岩均匀劣化和考虑围岩劣化方向差异两种情况进行分析。巷道开挖后先进行瞬时弹塑性计算，之后开启流变开关计算 100 d，以分析流变带来的影响。

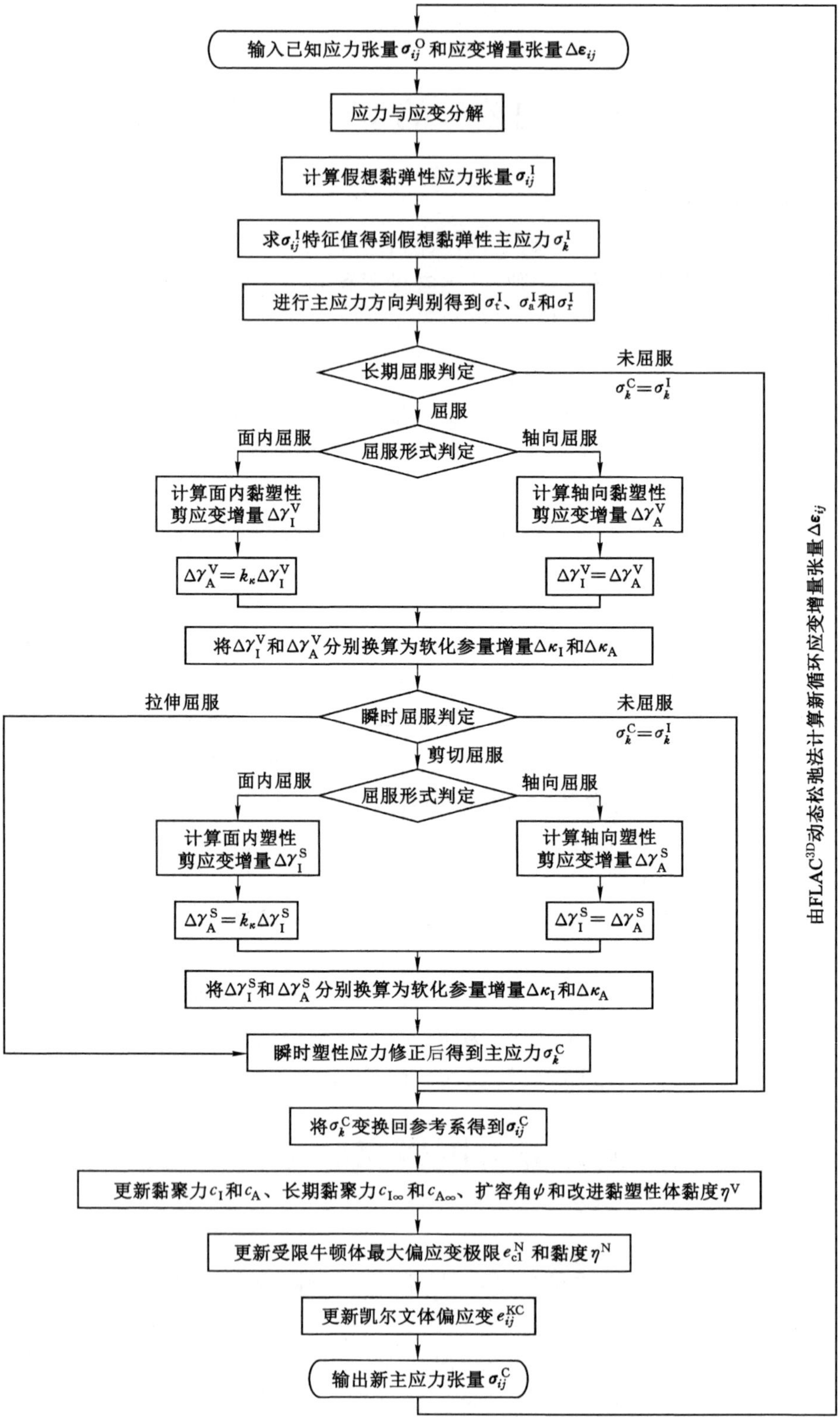

图 4-6　引入围岩劣化方向差异的 BVS 模型计算流程

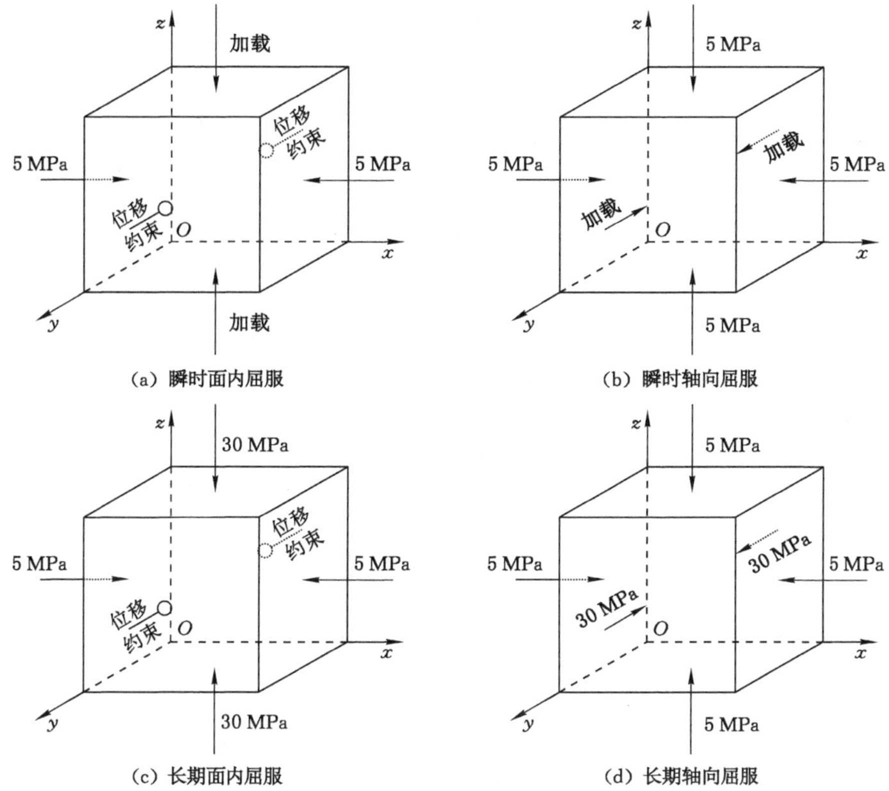

图 4-7 单一网格数值模型

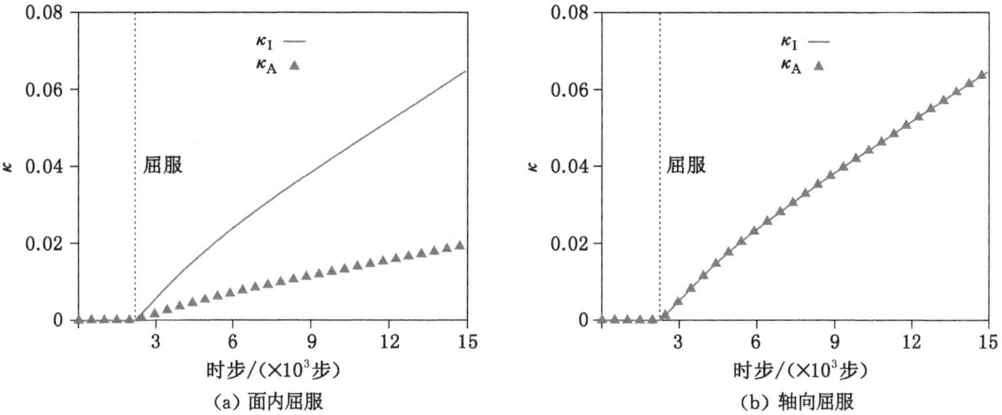

图 4-8 瞬时屈服软化参量变化规律

4.4.2 结果分析

巷道围岩塑性区、位移量和黏聚力分布分别如图 4-12 至图 4-14 所示。巷道顶板中部 2.25 m 深处黏聚力和应力监测结果分别如图 4-15 和图 4-16 所示(仅展示变化较为明显的瞬时弹塑性阶段)。

以巷道顶板为例进行分析。由图 4-12 可知,无论是瞬时弹塑性阶段还是流变 100 d

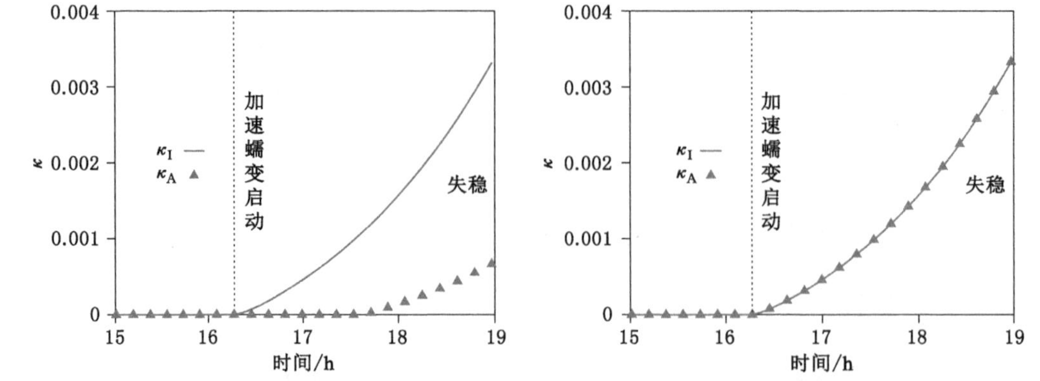

(a) 面内屈服　　(b) 轴向屈服

图 4-9　长期屈服软化参量变化规律

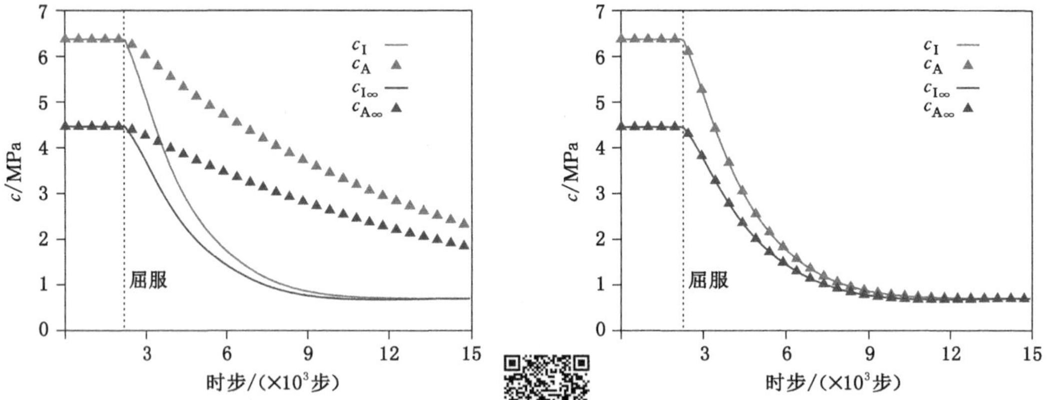

(a) 面内屈服　　(b) 轴向屈服

图 4-10　瞬时屈服黏聚力变化规律

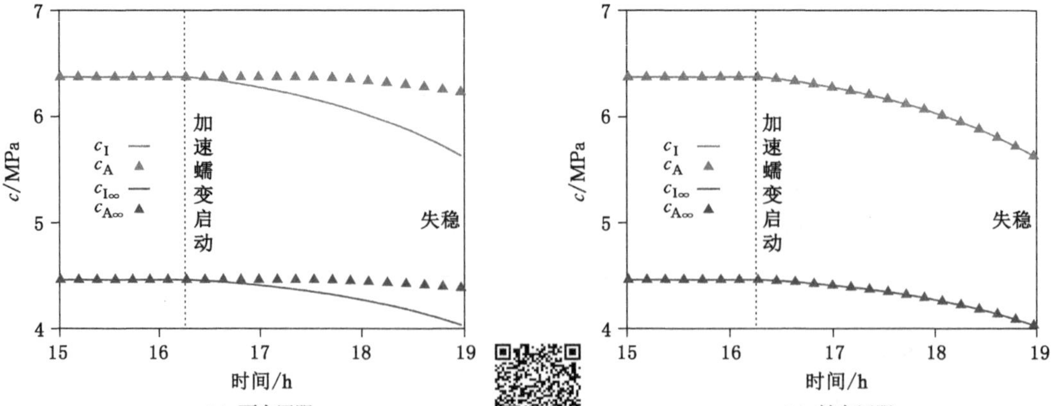

(a) 面内屈服　　(b) 轴向屈服

图 4-11　长期屈服黏聚力变化规律

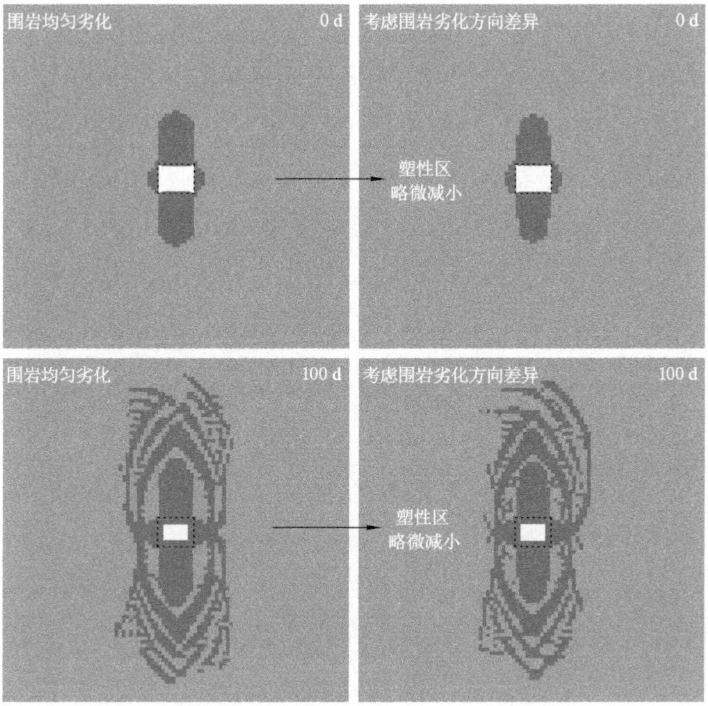

图 4-12　围岩塑性区

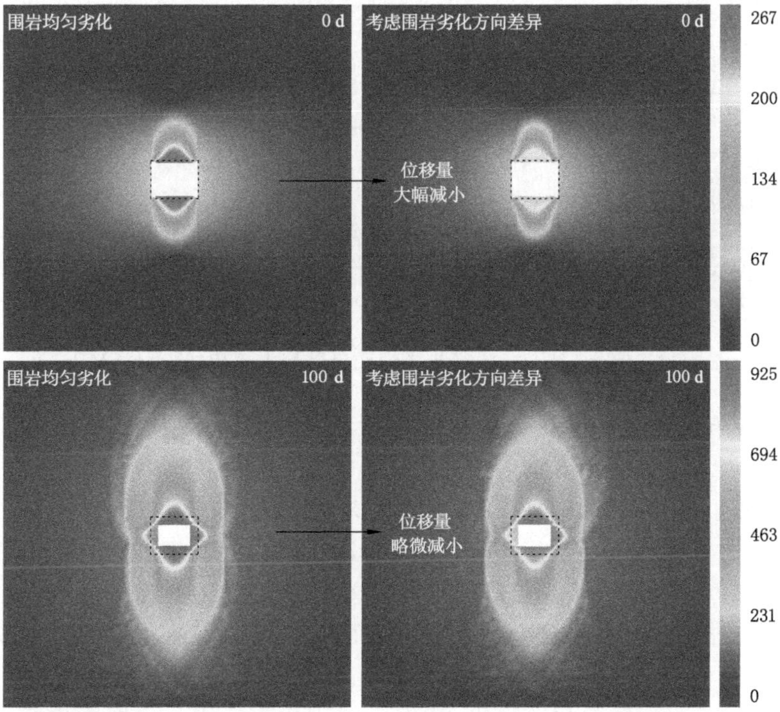

图 4-13　围岩位移量(单位:mm)

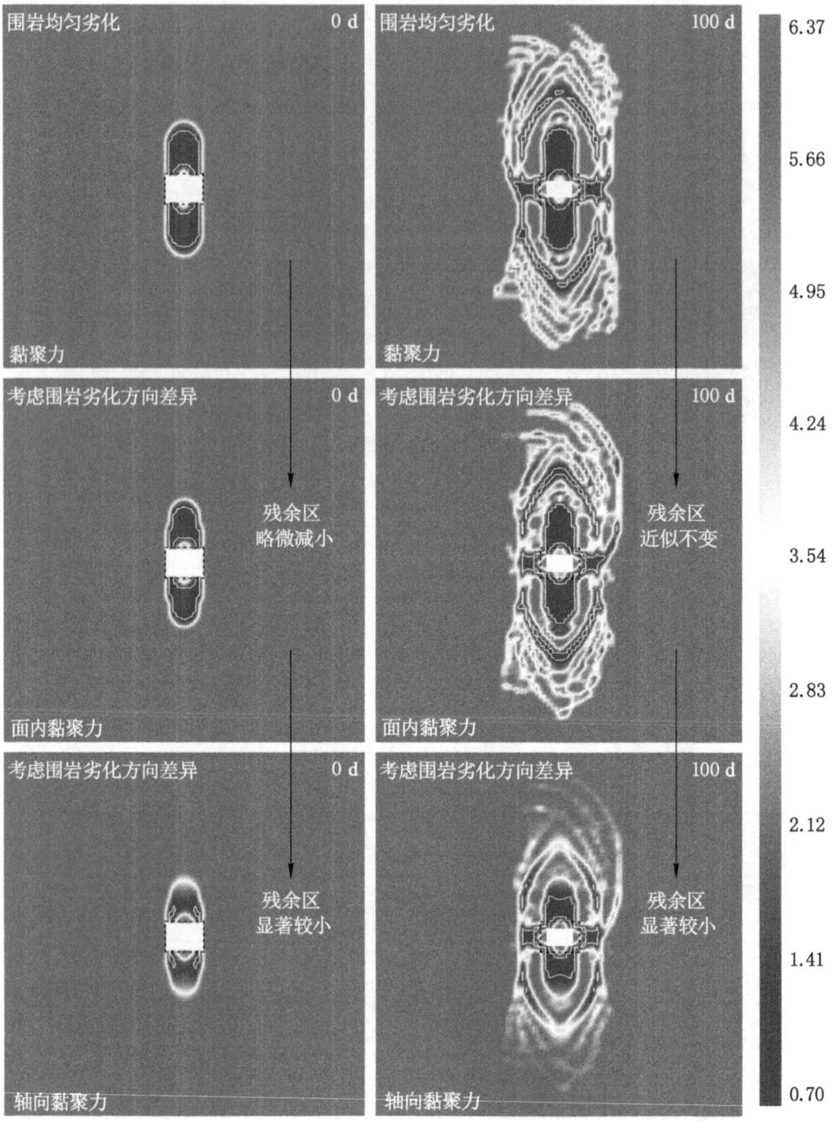

图 4-14　围岩黏聚力(黄色曲线为残余黏聚力等值线,单位:MPa)

后,围岩均匀劣化和考虑围岩劣化方向差异两个方案塑性区形态和深度均相近,但后者塑性区范围略微减小。

由图 4-13 可知,在瞬时弹塑性阶段,围岩均匀劣化方案顶板下沉量为 267 mm,考虑围岩劣化方向差异方案顶板下沉量减小至 217 mm,减小 18.7%;流变 100 d 后,围岩均匀劣化方案顶板下沉量为 925 mm,考虑围岩劣化方向差异方案顶板下沉量减小至 866 mm,减小 6.4%。这表明忽略围岩劣化方向差异使围岩表面位移量被高估,尤其是在瞬时弹塑性阶段(被高估 23%)。

由图 4-14 可知,在瞬时弹塑性阶段,考虑围岩劣化方向差异方案面内黏聚力残余区较围岩均匀劣化方案黏聚力残余区略小,考虑围岩劣化方向差异方案轴向黏聚力残余区与面内黏聚力残余区相比显著减小;流变 100 d 后,考虑围岩劣化方向差异方案面内黏聚力残余

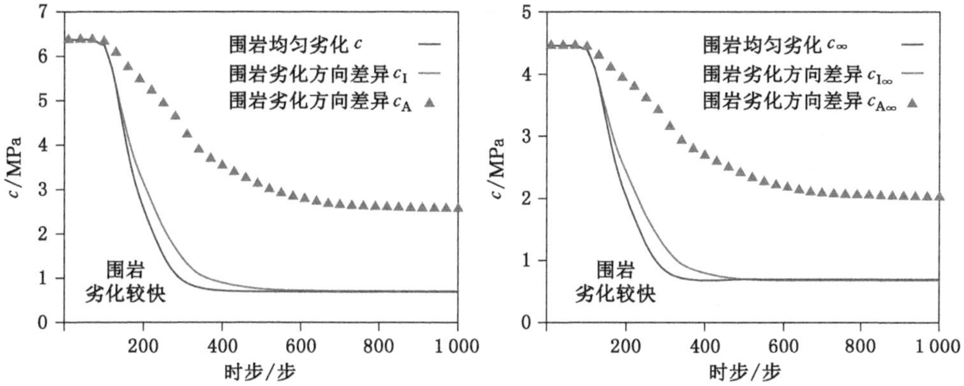

(a) 黏聚力　　(b) 长期黏聚力

图 4-15　顶板黏聚力变化规律

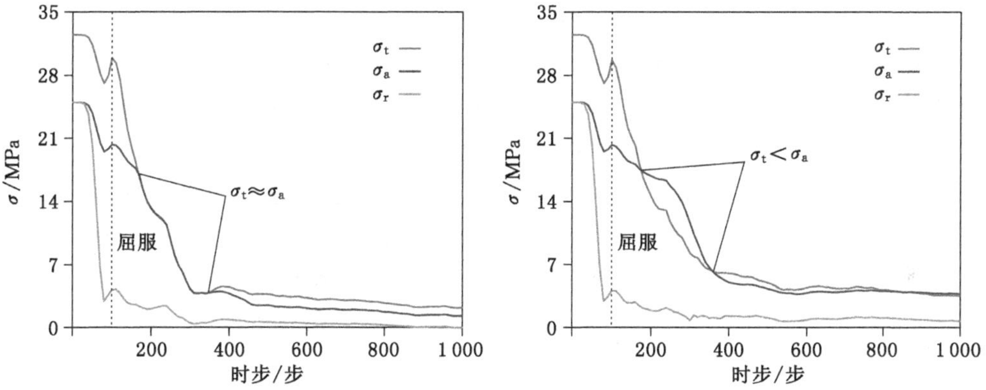

(a) 围岩均匀劣化　　(b) 考虑围岩劣化方向差异

图 4-16　顶板应力变化规律

区与围岩均匀劣化方案黏聚力残余区近似相同，考虑围岩劣化方向差异方案轴向黏聚力残余区与面内黏聚力残余区相比显著减小。

由图 4-15 可知，黏聚力与长期黏聚力变化规律相近，以前者为例进行分析。在瞬时弹塑性阶段，考虑围岩劣化方向差异方案面内黏聚力较围岩均匀劣化方案黏聚力降低慢；考虑围岩劣化方向差异方案轴向黏聚力较面内黏聚力降低慢，且计算至平衡后轴向黏聚力未降低至残余值。

由图 4-16 可知，巷道开挖后围岩切向加载，在初始破坏时切向应力 σ_{t} 较高，属面内屈服。随着围岩劣化，屈服面收缩，切向应力 σ_{t} 快速降低后与轴向应力 σ_{a} 曲线相交。此时若围岩均匀劣化，则面内与轴向强度相等，σ_{t} 与 σ_{a} 交替作为 σ_1，面内与轴向屈服交替发生，因此出现 σ_{t} 近似等于 σ_{a} 的情况；若考虑围岩劣化方向差异，则面内强度低于轴向强度，继续发生面内屈服，当轴向强度降低至一定程度时才开始发生轴向屈服，因此出现 σ_{t} 小于 σ_{a} 的情况。

综上，考虑围岩劣化方向差异会使围岩劣化程度减弱，尤其是轴向黏聚力降幅显著减小，这导致峰后轴向屈服延迟发生，出现切向应力 σ_{t} 小于轴向应力 σ_{a} 的情况。忽略围岩劣化方向差异使塑性区深度略微增大，导致表面位移量被高估，尤其是在瞬时弹塑性阶段（被高估23%）。

4.5 本章小结

（1）制备立方体细砂岩试样进行考虑位移约束的真三轴试验，以模拟巷道围岩单元在轴向约束下的劣化过程，并对破裂试样进行CT扫描。发现试样峰后轴向强度高于面内强度，且面内破坏导致的裂纹均与轴向近似平行，这验证了1.2.5小节提出的围岩劣化方向差异。

（2）围岩劣化方向差异机理：巷道围岩在轴向位移约束条件下，裂纹难以在巷道断面内错动和扩展，而易于在平行于轴向的平面簇内错动和扩展。这些近似平行于轴向的宏观裂纹对轴向强度影响很小，但会显著降低面内强度，导致围岩劣化具有方向差异。

（3）通过设定围岩面内和轴向黏聚力不相等、面内和轴向软化参量累积速率不同，并导出面内和轴向不同形式的屈服函数和塑性势函数，实现了围岩劣化方向差异。基于真三轴试验数据，确定了面内屈服时轴向和面内软化参量增量之比。

（4）采用C++将围岩劣化方向差异引入第2章建立的BVS本构模型，增加主应力方向判别和屈服形式判别，并对屈服函数、流动法则、软化参量累积和应力修正过程进行相应修改。给出了引入围岩劣化方向差异的BVS本构模型计算流程图。

（5）采用引入围岩劣化方向差异的BVS本构模型对深部巷道进行数值模拟，发现考虑围岩劣化方向差异会使围岩劣化程度减弱，尤其是轴向黏聚力降幅显著减小，这导致峰后轴向屈服延迟发生，出现切向应力σ_t小于轴向应力σ_a的情况。忽略围岩劣化方向差异使围岩塑性区深度略微增大，导致表面位移量被高估，尤其是在瞬时弹塑性阶段。

5　地应力与采动对围岩变形与破坏的影响

软岩、高应力和强采动是深部巷道围岩变形与破坏的主要原因，其中作为根本原因的软岩力学特性[216]在第2～4章已着重分析。地应力和采动对深部巷道围岩变形与破坏的影响已有大量研究，但多针对理想弹塑性、黏弹性或黏弹塑性围岩，深部巷道围岩力学特性未得到全面考虑。上述建立的BVS模型考虑了围岩应变软化、扩容、流变损伤等力学特性以及围岩劣化的方向差异，本章基于此分析地应力和采动的影响。

5.1　埋深的影响

深部是一种由地应力水平、采动应力状态和围岩属性共同决定的力学状态，对于特定水平地应力比值和围岩属性可确定其临界深度，当采深超过这一深度即进入深部开采[12]，巷道围岩变形与破坏范围增大，流变效应凸显[216]。

本节恒定围岩属性（采用表3-1中力学参数），采用图3-9所示数值模型（无支护）对埋深的影响进行分析。据统计[233]，地应力随埋深增大而增大，其中垂直地应力 σ_{v0} 近似线性增大，水平地应力也逐渐增大且与 σ_{v0} 比值逐渐趋于1，但直到千米埋深仍存在比值大于1的情况。设定岩体重度为25 kN/m^{3}以计算 σ_{v0}；巷道轴向垂直于最大水平地应力方向时最为不利，因此设定巷道轴向和侧向水平地应力 σ_{a0} 和 σ_{h0} 与 σ_{v0} 比值分别为1和1.3。采用上文引入围岩劣化方向差异的BVS模型以考虑深部巷道围岩力学特性，对理想黏弹塑性、仅考虑应变软化、仅考虑扩容、仅考虑流变损伤和同时考虑3种力学特性共5种情况，200～1 200 m间隔200 m共6种埋深进行计算。以顶板下沉量为例进行分析，各方案计算结果如图5-1所示。

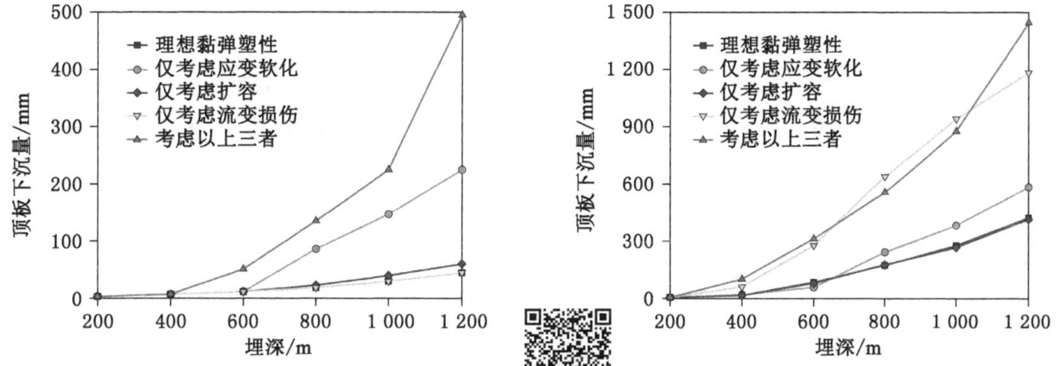

(a) 瞬时弹塑性阶段　　(b) 流变100 d后

图5-1　各方案不同埋深下顶板下沉量

如图 5-1 所示，在瞬时弹塑性阶段，埋深 200 m 和 400 m 情况下各方案顶板下沉量几乎相等，仅为 3.7 mm 和 7.5 mm；埋深增大至 600 m 后，未考虑应变软化的方案（理想黏弹塑性、仅考虑扩容和仅考虑流变损伤）顶板下沉量仅小幅增大，埋深达到 1 200 m 时顶板下沉量仅 45～60 mm，与深部巷道掘进后即发生显著变形的事实不符[241]，而考虑应变软化的方案（仅考虑应变软化和同时考虑三种力学特性）顶板下沉量显著增大，埋深增大至 1 200 m 时顶板下沉量达 225～495 mm，与超千米深井巷道开挖后围岩即显著变形的现象[241]一致。流变 100 d 后，埋深 200 m 情况下各方案顶板下沉量几乎相等，仅为 6.3 mm；埋深增大至 400 m 后，各方案顶板下沉量均显著增大，尤其是考虑流变损伤的方案（仅考虑流变损伤和同时考虑三种力学特性），埋深增大至 1 200 m 时顶板下沉量达 1 183～1 447 mm，与不考虑流变损伤的方案（理想黏弹塑性、仅考虑应变软化和仅考虑扩容）相比更接近超千米深井巷道围岩变形量实测数据（无支护底鼓量）[241]。

由以上分析可知，必须全面考虑围岩力学特性才能在瞬时弹塑性阶段和流变阶段均得到合理的结果，因此对同时考虑应变软化、扩容和流变损伤的方案着重分析，以揭示埋深对围岩变形与破坏的影响。200～1 200 m 埋深巷道顶板下沉量监测结果如图 5-2 所示，围岩位移量、塑性区和黏聚力（以面内黏聚力 c_{I} 为例）分别如图 5-3 至图 5-5 所示，顶板中部 2.25 m 深处软化参量（以面内软化参量 κ_{I} 为例）监测结果如图 5-6 所示。

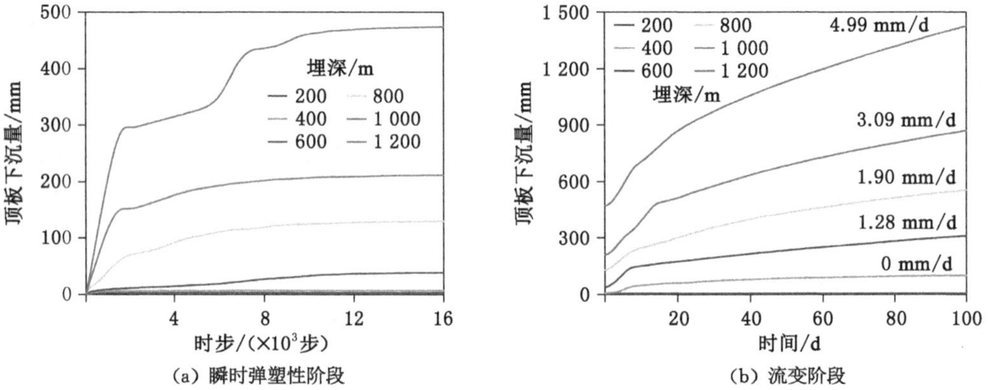

图 5-2　顶板下沉量变化规律

由图 5-2 可知，在瞬时弹塑性阶段，随埋深增大计算至平衡所需时步依次增加，这表明埋深较大情况下，浅层围岩劣化→应力向深层围岩转移→深层围岩劣化→应力向更深层围岩转移的过程更为明显且持续更久，围岩发生劣化的范围更大。在流变阶段，埋深 200 m 的方案顶板下沉量未显著增大，流变不明显；埋深 400 m 的方案顶板下沉量随时间延长而逐渐趋于上限；埋深达到 600 m 后，巷道围岩发生持续流变，且顶板下沉量增速随埋深增大而快速增大。这与围岩流变效应随埋深增大而凸显的规律[216]一致，也反映了 BVS 模型对不同埋深巷道的适用性。

由图 5-3 至图 5-5 可知，对于埋深 200 m 的方案，在瞬时弹塑性和流变阶段围岩均处于弹性区，顶底板和两帮位移量相近，均不超过 6.7 mm；对于埋深 400 m 的方案，在瞬时弹塑性阶段围岩仅表层屈服且未发生显著劣化，顶底板和两帮位移量相近，均不超过 8.5 mm，而流变 100 d 后，顶底板因流变损伤而发生劣化，塑性区深度增大至 4.5 m，顶底板位移量大幅增大且显著大于两帮，达到 102 mm；对于埋深 600 m 的方案，在瞬时弹塑性阶段顶底板即屈服并发生显著劣化，塑性区深度为 3.5 m，顶底板位移量达到 56 mm，流变 100 d 后，顶底板发生流变损伤，塑性区深度增大至 9.5 mm，顶底板位移量大幅增大且显著大于两帮，达到 313 mm；对于埋深 800 m 和 1 000 m 的方案，在瞬时弹塑性阶段围岩塑性区形态与埋深 600 m 的方案相近，即顶底板塑性区深度显著大于两帮，但流变 100 d 后两帮也发生了明显流变损伤；对于埋深 1 200 m 的方案，在瞬时弹塑性阶段顶底板和两帮均屈服并显著劣化，流变 100 d 后塑性区深度进一步增大，顶底板和两帮位移量相近，最大达 1 504 mm，断面收缩率约 89%，这与文献[12]中进入深部和超深部开采后围岩大范围塑性流动，其尺度量级接近甚至超过采矿作业空间尺度的结论相近。

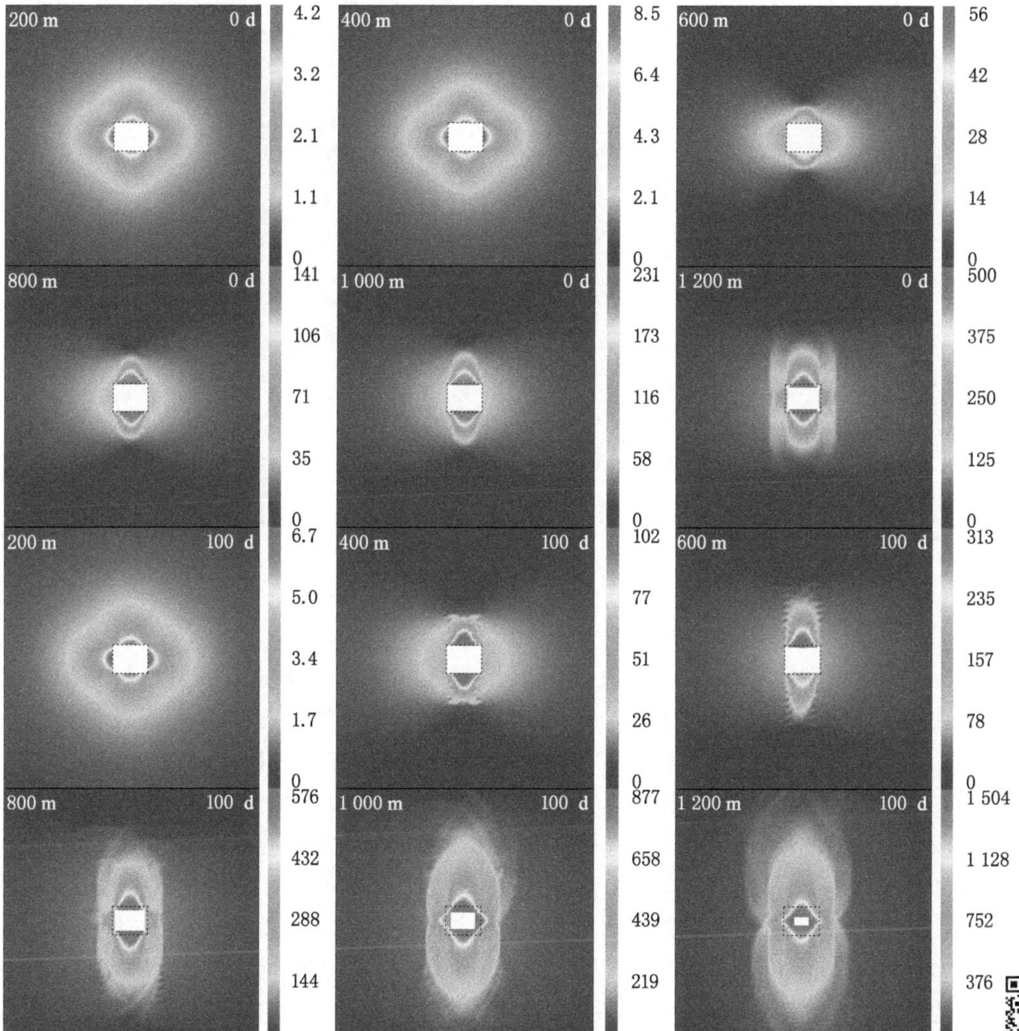

图 5-3　围岩位移量(单位:mm)

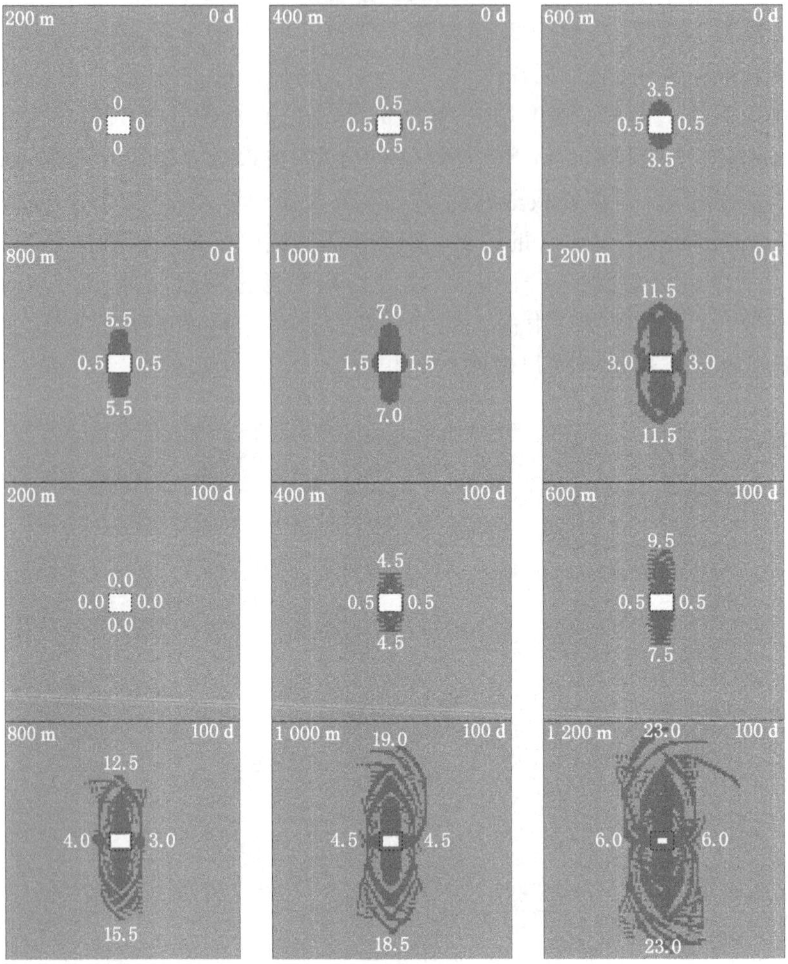

图 5-4　围岩塑性区(数值为塑性区深度,单位:m)

由图 5-6 可知,顶板中部 2.25 m 深处面内软化参量 κ_{I} 变化规律与顶板下沉量变化规律高度相似。在瞬时弹塑性阶段,埋深 200 m 和 400 m 的方案 κ_{I} 始终为 0;当埋深达到 600 m 后,κ_{I} 最大值随埋深增大而增大,埋深 1 200 m 时达到 0.23。在流变阶段,埋深 200 m 的方案 κ_{I} 仍始终为 0;埋深 400 m 的方案在流变 2.9 d 后 κ_{I} 开始由 0 增大并趋于上限,这表明瞬时弹塑性阶段测点处虽未屈服,但应力水平已高于其长期强度,黏塑性剪应变在 2.9 d 内逐渐累积并达到其阈值,随后转化为软化参量 κ_{I} 发生流变损伤;对于埋深 600 m 和 800 m 的方案,κ_{I} 在流变初期缓慢增大而后趋于上限;对于埋深 1 000 m 和 1 200 m 的方案,κ_{I} 在流变初期快速增大而后以恒定速率增大,埋深 1 200 m 的方案 κ_{I} 值和增大速率均显著高于埋深 1 000 m 的方案。这表明随埋深增大,围岩依次呈现未劣化→开挖一段时间后劣化并趋于稳定→开挖后即劣化并趋于稳定→开挖后即持续劣化→劣化加快、程度加深的规律,与现场观测所得规律[241]一致。

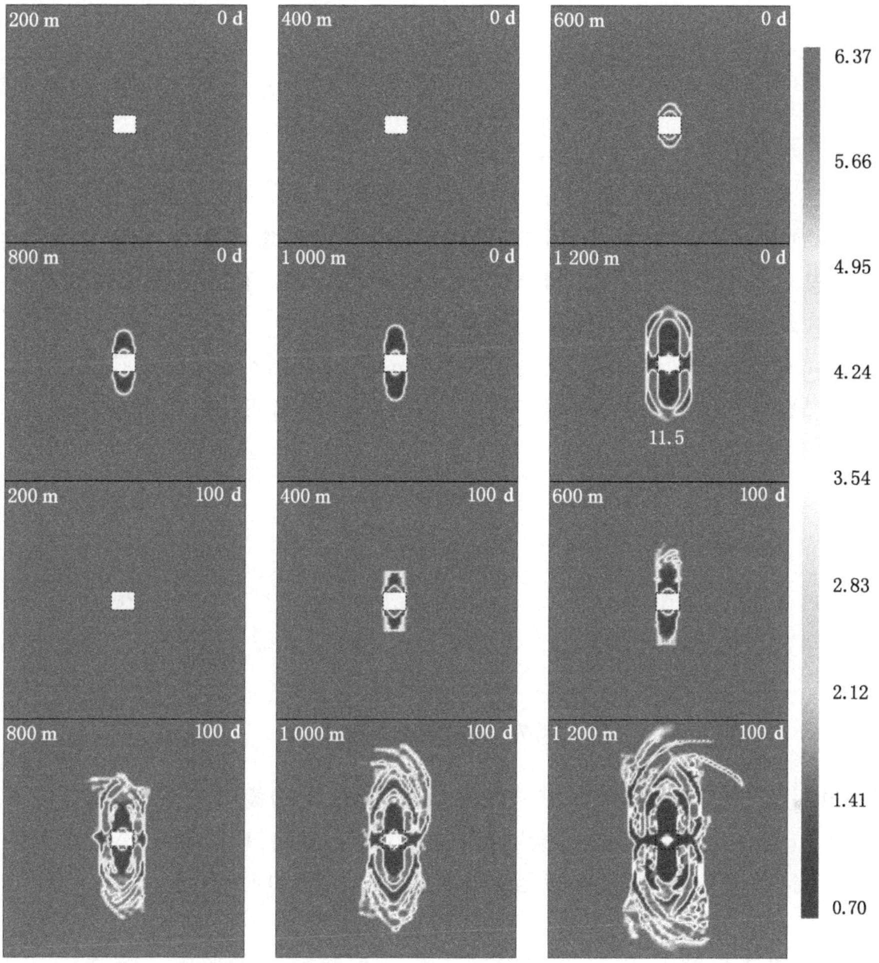

图 5-5 围岩黏聚力(单位:MPa)

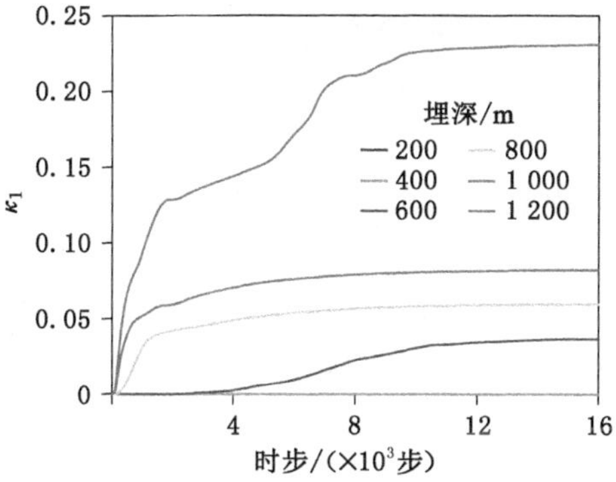

(a) 瞬时弹塑性阶段

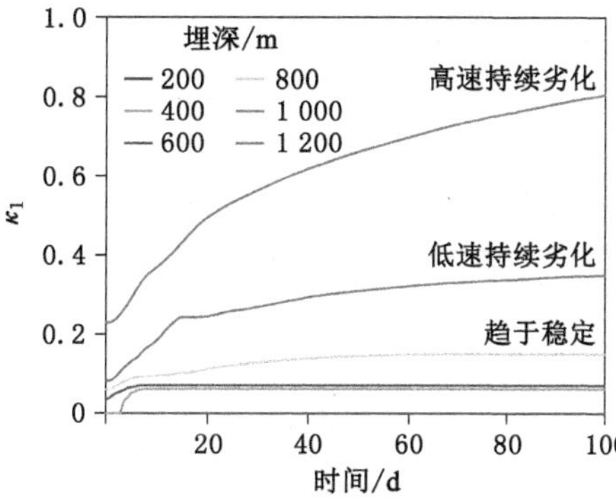

(b) 流变阶段

图 5-6 顶板面内软化参量变化规律

5.2 水平地应力的影响

5.2.1 轴向地应力的影响

本小节研究巷道开挖前轴向地应力 σ_{a0}、垂直地应力 σ_{v0} 和侧向地应力 σ_{h0} 均为主应力的情况，如图 5-7 所示。对于矩形巷道，顶板和巷帮中部位移量和塑性区深度普遍较大，且由于对称性，这些位置的轴向应力 σ_a、垂直应力 σ_v 和侧向应力 σ_h 在开挖调整过程中始终为主应力。因此，以顶板中部微元为例进行分析，此时 σ_h 作为切向应力 σ_t，随巷道开挖而加载；σ_v 作为径向应力 σ_r，随巷道开挖而卸荷。作为初值的 σ_{v0} 和 σ_{h0} 会分别引起 σ_h 和 σ_v 升高，其影响已明确（分别导致巷帮和顶底板变形与破坏），因此着重分析轴向地应力 σ_{a0} 的影响。

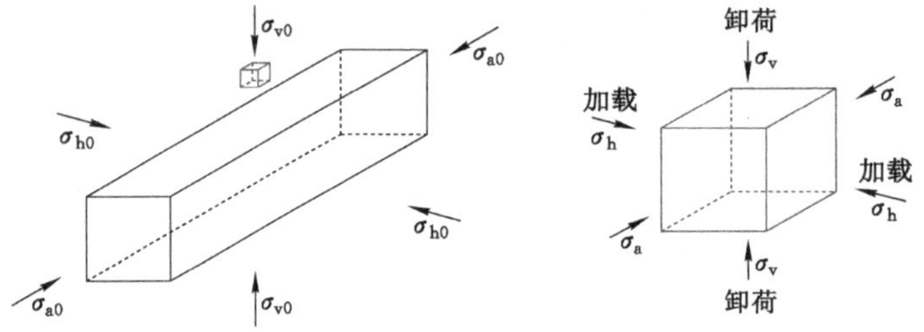

图 5-7　矩形巷道与地应力

深埋巷道问题常被简化为平面应变问题，在线弹性本构模型下，仅面内应力增量引起巷道围岩位移[203]，而轴向地应力 σ_{a0} 不会对面内应力增量（垂直应力增量 $\Delta\sigma_v$ 和水平应力增量 $\Delta\sigma_h$）造成影响，且轴向应力增量 $\Delta\sigma_a$ 完全由泊松比 μ 和面内应力增量决定：

$$\Delta\sigma_a = \mu(\Delta\sigma_v + \Delta\sigma_h) \tag{5-1}$$

因此在线弹性本构模型下 σ_{a0} 对巷道围岩变形无影响。在采用二维强度准则（如 M-C 准则）的弹塑性本构模型下，切向应力 σ_t 和径向应力 σ_r 常被认为是 σ_1 和 σ_3，而轴向应力 σ_a 被假定为 σ_2 往往不被关注[95,97-98]。然而，文献[206]指出 σ_{a0} 显著高于 σ_{v0} 和 σ_{h0} 的情况下，轴向应力 σ_a 会成为最大主应力，导致围岩破坏，并将此定义为“准平面应变问题”。

但由 1.2.5 小节的分析可知，即使在静水压力条件下（$\sigma_{a0}=\sigma_{v0}=\sigma_{h0}$），轴向应力 σ_a 也可能对巷道围岩变形与破坏造成影响，如图 5-8 所示。

若不考虑应变软化，则 σ_a 既不影响围岩破坏，也不影响围岩塑性流动过程，峰后全程为 σ_h 和 σ_v 控制的双向塑性流动，此时 σ_a 对计算结果无影响；若考虑应变软化，作为 σ_1 的 σ_h 在峰后随围岩劣化而快速下降，其曲线可能与 σ_a 曲线相交，之后出现 $\sigma_a=\sigma_h>\sigma_v$ 的情况，这将产生如图 5-9 所示沿屈服面棱边的三向塑性流动[204]，且初始屈服时 σ_a 越接近 σ_h，这种现象出现的可能性越大，出现越早，持续的时间越长。此时将 σ_a、σ_h 和 σ_v 代入式（2-46）表示的 M-C 准则和式（2-47）表示的塑性势函数可以得到：

$$f_1 = \sigma_a - \sigma_v N_\varphi - 2c\sqrt{N_\varphi} = 0 \tag{5-2}$$

$$f_2 = \sigma_h - \sigma_v N_\varphi - 2c\sqrt{N_\varphi} = 0 \tag{5-3}$$

$$g_1 = \sigma_a - \sigma_v N_\psi = 0 \tag{5-4}$$

$$g_2 = \sigma_h - \sigma_v N_\psi = 0 \tag{5-5}$$

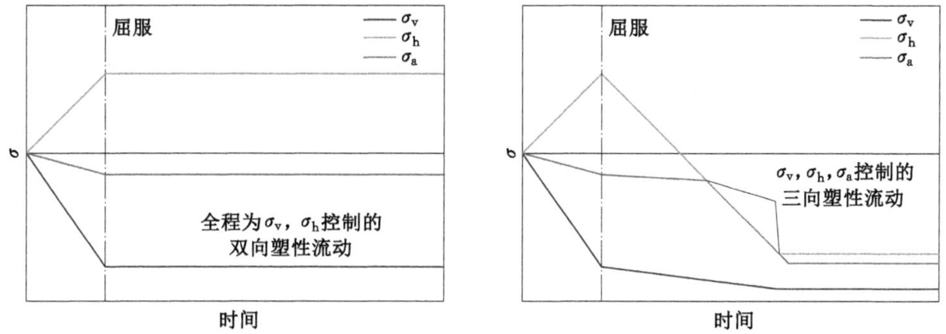

(a) 理想弹塑性　　(b) 考虑应变软化

图 5-8　顶板中部微元应力调整与塑性流动

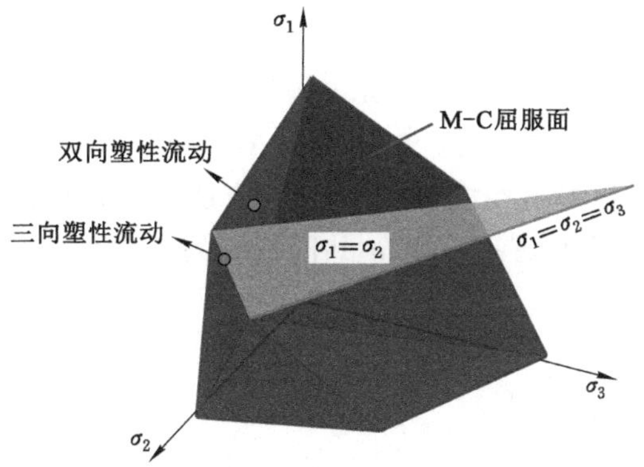

图 5-9　双向和三向塑性流动

式中　f_1、g_1——σ_a-σ_v平面的强度准则和塑性势函数；

　　f_2、g_2——σ_h-σ_v平面的强度准则和塑性势函数；

　　λ_1、λ_2——f_1和g_1与f_2和g_2对应的循环内常量，可由一致性条件求出。

根据屈服面棱边的流动法则[204]可得到塑性主应变$\Delta\varepsilon_i^p$的计算式：

$$\Delta\varepsilon_i^p = \lambda_1 \frac{\partial g_1}{\partial \sigma_i} + \lambda_2 \frac{\partial g_2}{\partial \sigma_i}, i = a, h, v \tag{5-6}$$

由式(5-2)至式(5-6)可知，考虑应变软化时，σ_a将对围岩变形与破坏带来影响。考虑围岩不同力学特性下，顶板中部微元轴向、侧向和垂直塑性主应变增量$\Delta\varepsilon_a^p$、$\Delta\varepsilon_h^p$和$\Delta\varepsilon_v^p$如图 5-10 所示。

由图 5-10 可知，是否考虑应变软化或扩容有着不同的塑性主应变增量。垂直塑性主应变作为顶板下沉量的主要组成部分，对其增量$\Delta\varepsilon_v^p$着重分析。此外，正负号仅代表压缩或膨胀，取绝对值进行分析。

对于理想弹塑性模型，峰后全程为σ_h和σ_v控制的双向塑性流动，且$\psi=0°$，$N_\psi=1$，根据式(2-8)可得：

$$|\Delta\varepsilon_a^p| = 0 \tag{5-7}$$

$$|\Delta\varepsilon_v^p| = |\Delta\varepsilon_h^p| = \lambda \tag{5-8}$$

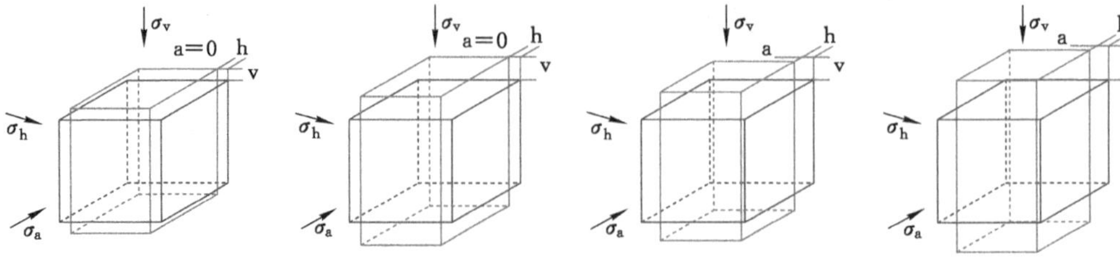

(a) 理想弹塑性　(b) 仅考虑扩容　(c) 仅考虑应变软化　(d) 同时考虑两者

图 5-10　顶板中部微元塑性主应变增量

由式(5-8)可知，σ_a对 $\Delta\varepsilon_v^p$ 无影响。

仅考虑扩容时，峰后全程为 σ_h和 σ_v控制的双向塑性流动，且 $\psi>0°$，$N_\psi>1$，根据式(2-8)可得：

$$|\Delta\varepsilon_a^p| = 0 \tag{5-9}$$

$$|\Delta\varepsilon_v^p| = \lambda N_\psi > |\Delta\varepsilon_h^p| = \lambda \tag{5-10}$$

由式(5-10)可知，与理想弹塑性模型相比，$\Delta\varepsilon_v^p$ 有所增大，但 σ_a仍对其无影响。

仅考虑应变软化时，峰后出现 σ_a、σ_h和 σ_v共同控制的三向塑性流动，且 $\psi=0°$，$N_\psi=1$，根据式(5-6)可得：

$$|\Delta\varepsilon_v^p| = |\Delta\varepsilon_a^p| + |\Delta\varepsilon_h^p| = \lambda_1 + \lambda_2 \tag{5-11}$$

由式(5-11)可知，σ_a使 $\Delta\varepsilon_v^p$ 增大。

同时考虑应变软化与扩容时，峰后发生 σ_a、σ_h和 σ_v共同控制的三向塑性流动，且 $\psi>0°$，$N_\psi>1$，根据式(5-6)可得：

$$|\Delta\varepsilon_v^p| = (\lambda_1 + \lambda_2)N_\psi > |\Delta\varepsilon_a^p| + |\Delta\varepsilon_h^p| = \lambda_1 + \lambda_2 \tag{5-12}$$

由式(5-12)可知，与仅考虑应变软化相比，σ_a使 $\Delta\varepsilon_v^p$ 进一步增大。

此外，三向塑性流动情况下，根据式(5-6)，软化参量 κ 表达式(2-80)可写为：

$$\kappa = \gamma^S = (1 + N_\psi)(\lambda_1 + \lambda_2) \tag{5-13}$$

由式(5-13)可知，σ_a增大会使 λ_1增大，进而使 κ 增大，从而导致应变软化加剧。

综上，围岩初始屈服时，若 σ_a为 σ_1或 σ_3，σ_a将控制围岩破坏，并改变其塑性流动方向，考虑应变软化和扩容将放大 σ_a的影响。若 σ_a为 σ_2，不考虑应变软化时，σ_a对计算结果无影响；考虑应变软化时，可能发生三向塑性流动，σ_a使围岩变形量增大，应变软化加剧，考虑扩容将进一步放大 σ_a的影响。

但是，以上分析仅针对顶板微元塑性主应变增量；未指出 σ_a会在什么条件下成为 σ_1、σ_2或 σ_3，三向塑性流动会在什么条件下发生；未考虑流变效应。下文采用数值模拟手段，验证以上理论分析结果，并对此问题进一步分析。

5.2.2　不同水平地应力比值的影响

本小节采用图 3-9 所示数值模型(无支护)对不同水平地应力比值的影响进行分析。设定巷道埋深为 1 000 m，岩体重度为 25 kN/m³，则垂直地应力 $\sigma_{v0}=25$ MPa。根据地应力实测结果[233]可知，埋深 1 000 m 处水平地应力与垂直地应力比值约为 0.5～1.5，因此设定 σ_{a0}/σ_{v0}和 σ_{h0}/σ_{v0}分别等于 0.5、0.75、1.0、1.25 和 1.5 共 25 种水平地应力组合，以研究不同水平地应力比值的影响。为便于验证上述轴向地应力引起的三向塑性流动（出现 $\sigma_a=\sigma_h>\sigma_v$ 的情况），采用围岩均匀劣化的 BVS 模型，材料参数取自表 3-1。各方案顶板下沉量、顶板塑性区深度、巷帮移近量（单侧）和巷帮塑性区深度分别如图 5-11 至图 5-14 所示，σ_a/σ_v 和 σ_h/σ_v 分别等于 0.5、1.0 和 1.5 共 9 个方案顶板中部 2.25 m 深处应力监测结果如图 5-15 所示（仅分析瞬时性阶段应力调整明显的前 1 000 时步）。

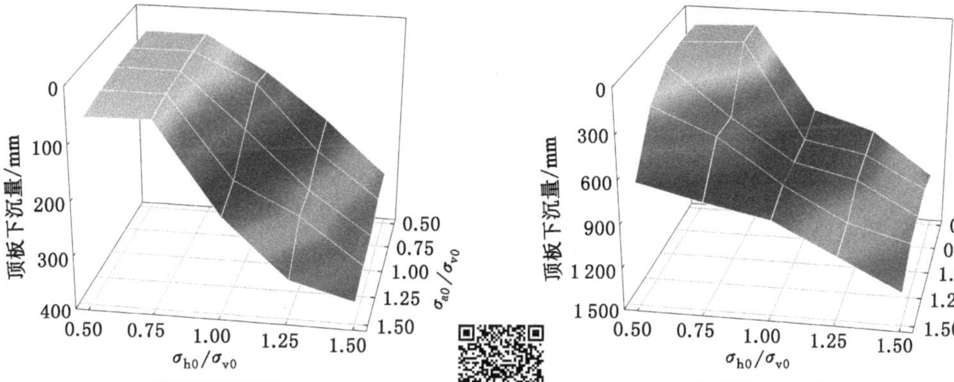

(a) 瞬时弹塑性阶段　　(b) 流变100 d后

图 5-11　各方案顶板下沉量

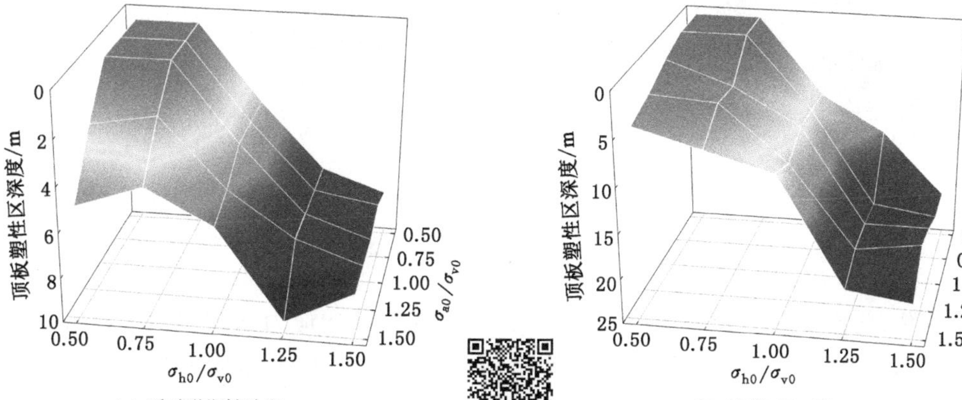

(a) 瞬时弹塑性阶段　　(b) 流变100 d后

图 5-12　各方案顶板塑性区深度

对于巷道顶板，侧向地应力 σ_{h0} 和垂直地应力 σ_{v0} 分别作为切向应力 σ_t 和径向应力 σ_r 的初值，σ_{h0} 增大会导致 σ_t 增大，进而使顶板变形与破坏加剧，其影响较轴向地应力 σ_{a0} 的影响更为显著。

由图 5-11 可知，在瞬时弹塑性阶段，当 $\sigma_{h0}/\sigma_{v0}<1$ 时，轴向地应力 σ_{a0} 对顶板下沉量几乎无影响，而 $\sigma_{h0}/\sigma_{v0}\geqslant1$ 后，σ_{a0} 增大导致顶板下沉量显著增大；流变 100 d 后，σ_{h0}/σ_{v0} 与 1 差值越大，σ_{a0} 增大导致顶板下沉量增大越显著。

由图 5-12 可知，在瞬时弹塑性阶段，$\sigma_{a0}/\sigma_{v0}>1$ 后，σ_{a0} 继续增大导致顶板塑性区深度增大，在 $\sigma_{h0}/\sigma_{v0}<1$ 的情况下更为显著；流变 100 d 后，σ_{a0} 增大对顶板塑性区深度的影响较小且非单调。

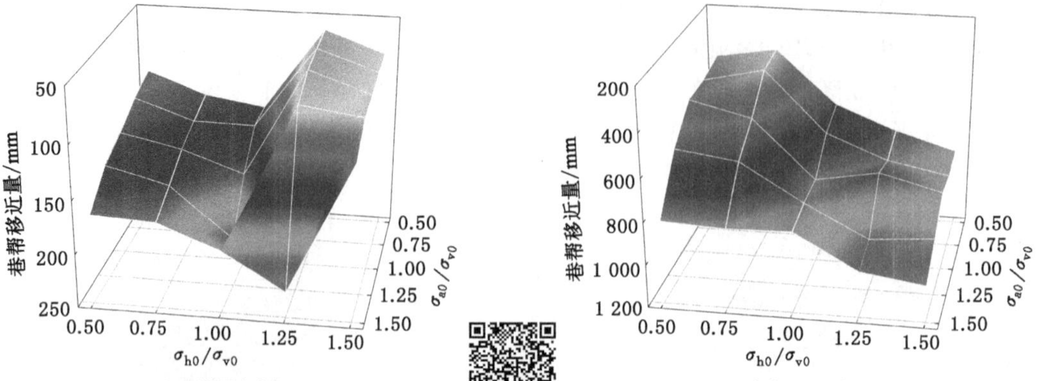

(a) 瞬时弹塑性阶段　　(b) 流变100 d后

图 5-13　各方案巷帮移近量(单侧)

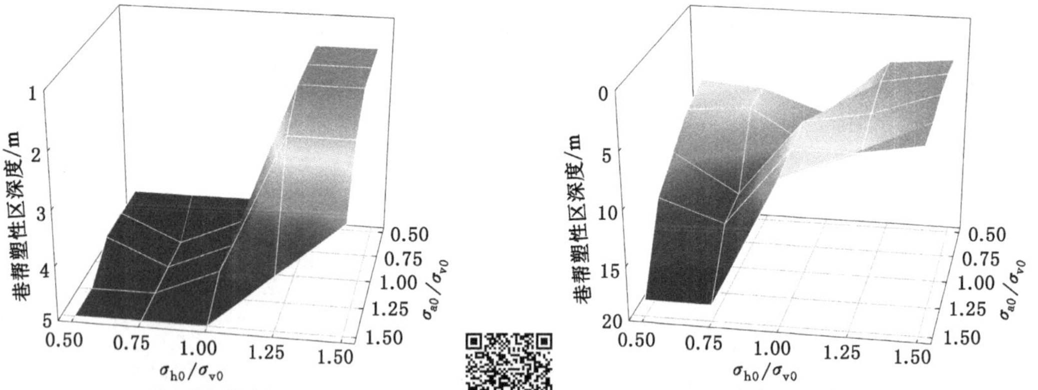

(a) 瞬时弹塑性阶段　　(b) 流变100 d后

图 5-14　各方案巷帮塑性区深度

对于巷帮，侧向地应力 σ_{h0} 和垂直地应力 σ_{v0} 分别作为径向应力 σ_r 和切向应力 σ_t 的初值。σ_{h0} 增大会导致 σ_r 增大，一方面使巷帮径向卸荷减缓，进而使其变形与破坏减弱；但另一方面使顶底板变形与破坏加剧，降低围岩整体稳定性，进而使巷帮变形与破坏加剧。因此 σ_{h0} 对巷帮的影响是两面性的。

由图 5-13 可知，无论在瞬时弹塑性阶段还是流变 100 d 后，σ_{a0} 增大对巷帮移近量的影响都是非单调的，但在 $\sigma_{h0}/\sigma_{v0} \geqslant 1.25$ 且 $\sigma_{a0}/\sigma_{v0} \geqslant 1.25$ 后，σ_{a0} 继续增大会导致巷帮移近量显著增大。

由图 5-14 可知，在瞬时弹塑性阶段，当 $\sigma_{h0}/\sigma_{v0} < 1.25$ 时，轴向地应力 σ_{a0} 对巷帮塑性区深度几乎无影响，而 $\sigma_{h0}/\sigma_{v0} \geqslant 1.25$ 且 $\sigma_{a0}/\sigma_{v0} \geqslant 1$ 后，σ_{a0} 继续增大导致巷帮塑性区深度显著增大；流变 100 d 后，当 $\sigma_{h0}/\sigma_{v0} \geqslant 1$ 时，σ_{a0} 增大对巷帮塑性区深度的影响较小且非单调，但 $\sigma_{h0}/\sigma_{v0} < 1$ 时，σ_{a0} 增大导致巷帮塑性区深度显著增大。

由图 5-15 可知，σ_a 在围岩初始屈服时一般不会作为 σ_3；除 σ_{h0}/σ_{v0} 较小导致测点处未屈服的情况外，当 σ_{a0} 接近 σ_{h0} 时，σ_a 在围岩初始屈服时作为 σ_2，但之后会出现 $\sigma_1=\sigma_2>\sigma_3$（$\sigma_a=\sigma_h>\sigma_v$）的情况，发生三向塑性流动，结合图 5-11(a) 可知此时顶板下沉量突然增大；当 σ_{a0} 显著大

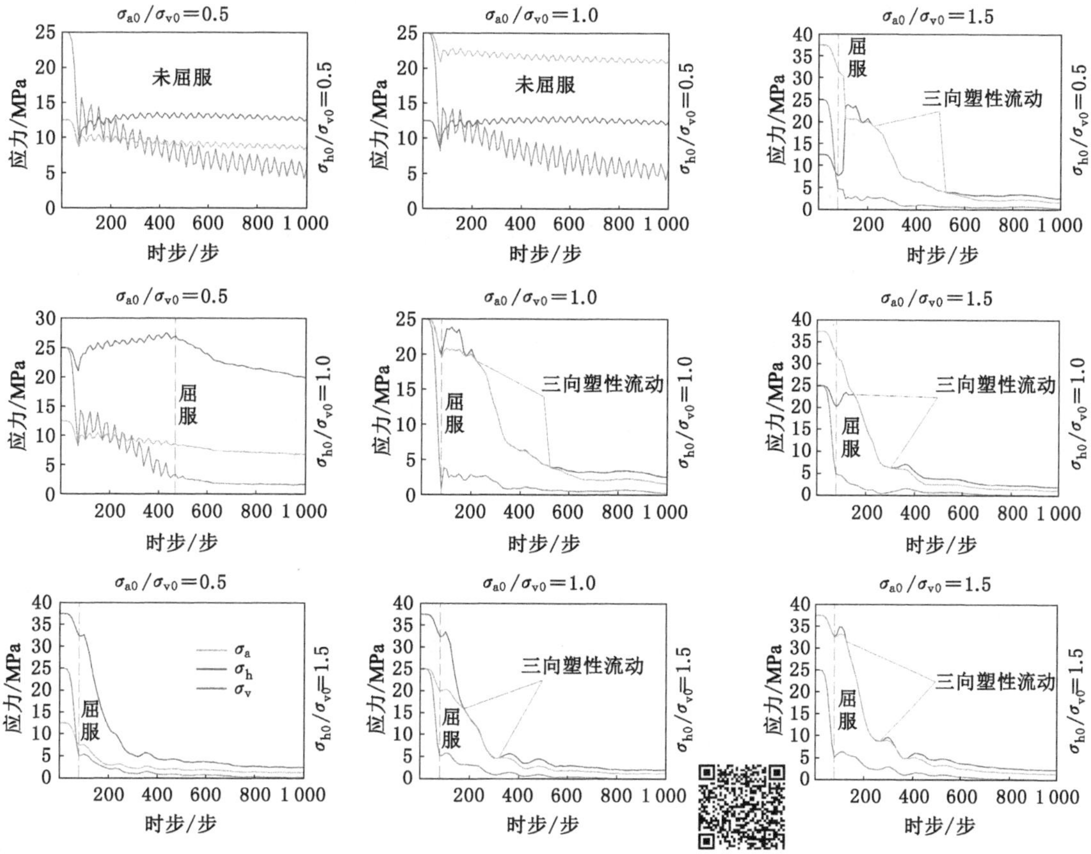

图 5-15 部分方案顶板应力变化规律

于 σ_{h0} 时（≥1.5 倍），σ_a 在围岩初始屈服时作为 σ_1，但之后也会出现 $\sigma_1=\sigma_2>\sigma_3$ 的情况，发生三向塑性流动，结合图 5-11(a)可知此时顶板下沉量进一步增大。这验证了 5.2.1 小节的观点：发生三向塑性流动且同时考虑应变软化与扩容时，σ_a 使围岩变形量增大。

5.2.3 巷道轴向与最大水平地应力方向夹角的影响

巷道轴向与最大水平地应力方向夹角的影响已有大量研究[242-246]，一致认为巷道轴向与最大水平地应力方向平行或夹角较小时有利于围岩稳定，但多针对理想弹塑性围岩进行分析，未全面考虑围岩应变软化、扩容与流变损伤力学特性。因巷道轴向与最大水平地应力方向存在夹角时垂直于轴向的截面内存在平行剪应力，已不属于平面应变问题，因此建立图 5-16 所示三维数值模型，此外轴向应力 σ_a 和侧向应力 σ_h 已不再是主应力，4.2 节实现围岩劣化方向差异的计算式无法应用，因此采用围岩均匀劣化的 BVS 模型进行分析，材料参数取自表 3 1。巷道轴向与最大水平地应力方向存在夹角有两种实现方法：一是建立巷道轴向与模型边界存在夹角的数值模型；二是采用应力转轴公式计算并赋值与模型边界存在夹角的地应力，模型侧面采用正应力＋剪应力边界，如图 5-17 所示。前者需要建立多个不同夹角的数值模型，计算结果的网格依赖性会对各方案造成不同程度的影响，进而难以独立分析夹角的影响，因此采用后者。设定巷道埋深为 1 000 m，岩体重度为 25 kN/m^3，则垂直地应力 $\sigma_{v0}=25$ MPa，根据千米深井地应力特征[12]，设定最大水平地应力 σ_{hmax} 和最小水平地

应力 σ_{hmin} 与 σ_{v0} 之比分别为 1.3 和 1.0。间隔 15°对巷道轴向与 σ_{hmax} 夹角为 0°～90°的情况进行计算，围岩表面位移量和塑性区深度分别如图 5-18 和图 5-19 所示。

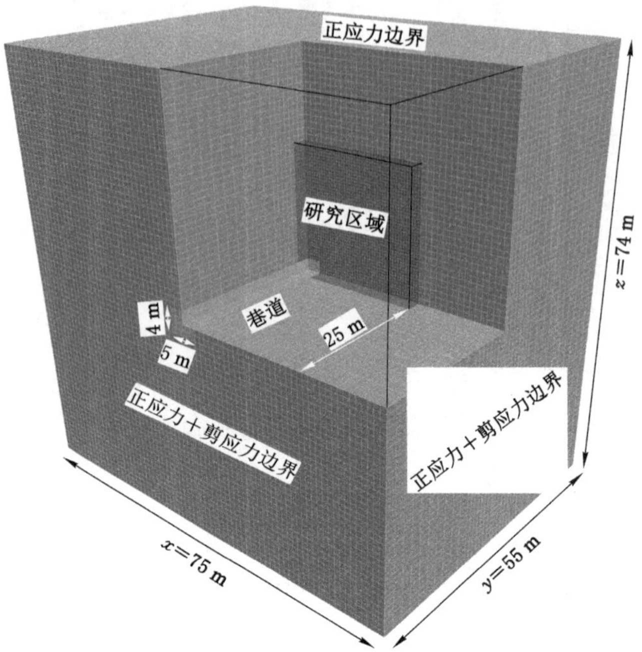

图 5-16　数值模型

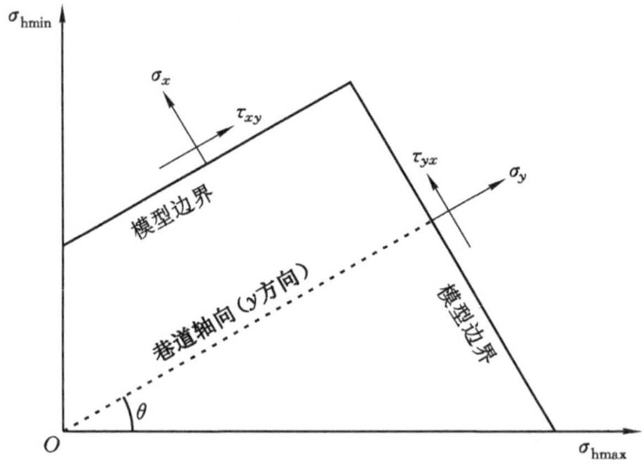

图 5-17　根据应力转轴公式计算初始与边界条件

由图 5-18 可知，在瞬时弹塑性阶段，随巷道轴向与最大水平地应力 σ_{hmax} 夹角(以下简称夹角)增大，巷道顶板下沉量依次增大而巷帮移近量依次减小，顶板下沉量在夹角 15°～75°范围内增大较显著，巷帮移近量在夹角 0°～45°范围内减小较显著；流变 100 d 后，夹角对顶板下沉量和巷帮移近量影响均不明显。

由图 5-19 可知，无论在瞬时弹塑性阶段还是流变 100 d 后，随夹角增大，巷道顶板塑性区深度呈增大趋势而巷帮塑性区深度呈减小趋势(非单调)，顶板和巷帮塑性区深度均在

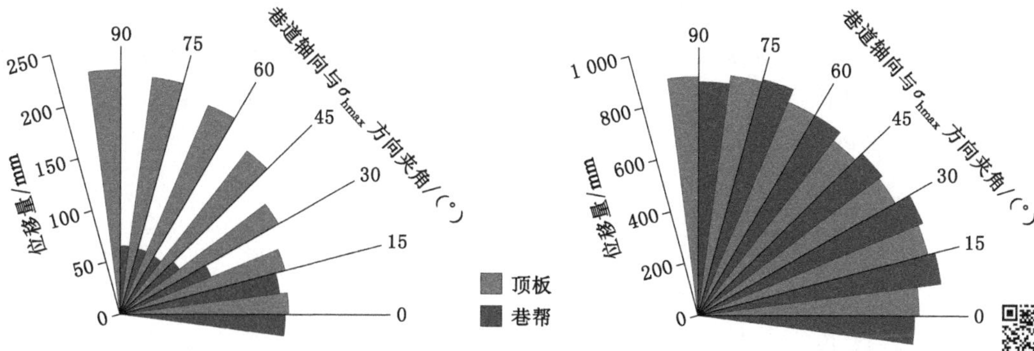

(a) 瞬时弹塑性阶段　　(b) 流变100 d后

图 5-18　巷道轴向与最大水平地应力方向不同夹角下围岩表面位移量

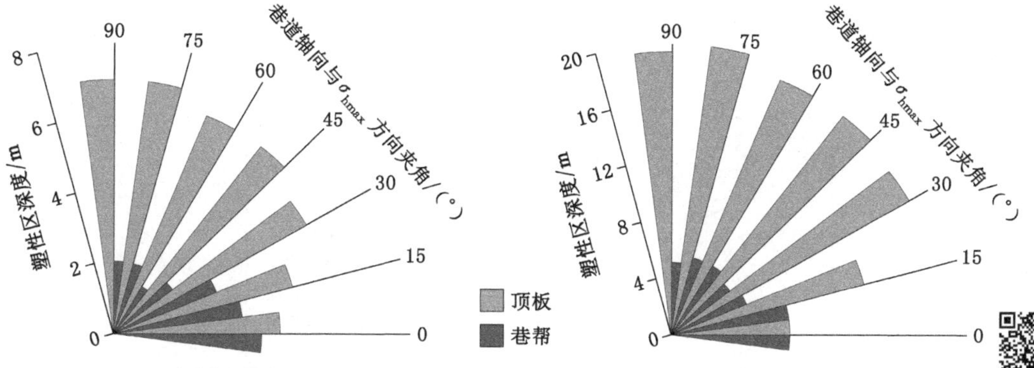

(a) 瞬时弹塑性阶段　　(b) 流变100 d后

图 5-19　巷道轴向与最大水平主应力方向不同夹角下围岩塑性区深度

0°～45°范围内变化较显著。

因此，夹角对顶底板（无支护且岩性相同情况下顶底板变形量和塑性区深度一致）和巷帮的影响规律不同，对开挖后瞬时响应和流变一定时间后的影响规律不同，对围岩表面位移量和塑性区深度的影响规律也不同。对于顶底板，侧向水平地应力作为切向应力σ_t初值，而对于巷帮，侧向水平地应力作为径向应力σ_r初值，因此夹角对顶底板的影响显著大于巷帮，但回采巷道多布置于煤层中，顶底板强度常大于巷帮，因此在选择夹角时也应兼顾对巷帮的影响，即巷道轴向与σ_{hmax}呈15°～30°夹角最优。在深部，即使是服务年限较短的回采巷道也呈现显著流变效应[216]，此时改变夹角对围岩表面位移量影响很小，但会使塑性区深度显著变化，进而影响围岩稳定性。

5.3　掘进与回采的影响

5.3.1　工程背景

与地应力相比，采动影响更为复杂，与采掘布置方式和作业形式等密切相关，应结合具体情况进行分析。本节以中煤新集口孜东矿 121302 工作面运输巷原支护段为研究对象，分析采掘扰动对深部回采巷道围岩变形与破坏的影响。

121302 工作面长度为 350 m,主采 13-1 号煤层,平均煤厚为 4.9 m,埋深为 1 000 m,地层倾角平均为 6°。如图 5-20 所示,该工作面为三面临空孤岛面,其运输巷全长 1 120 m,于 121301 工作面采空区稳定 1 a 后留煤柱 15 m 沿空掘进。

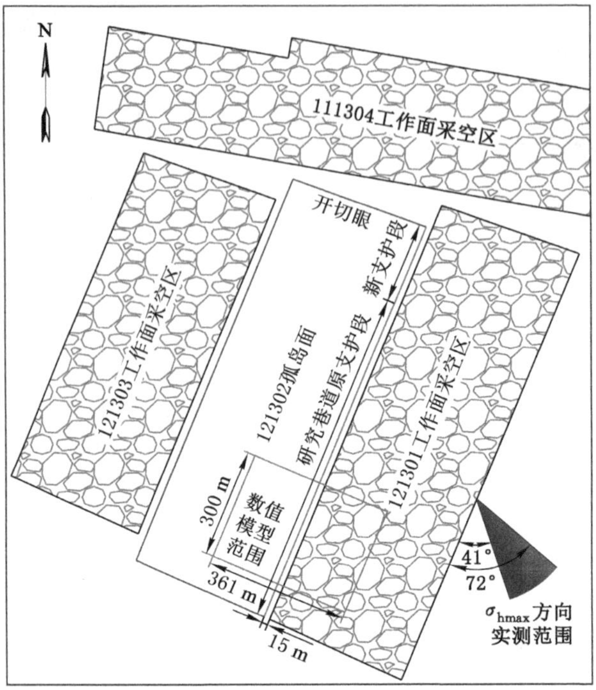

图 5-20　121302 工作面采掘布置平面图与数值模型范围

如图 5-21 所示,121302 工作面运输巷原支护段断面为直墙半圆拱,宽度为 5 800 mm,高度为 4 100 mm,沿顶板剥岩掘进,留底煤 2～3 m,属半煤岩巷。采用锚网索支护＋喷浆＋滞后注浆联合控制方案。其中锚杆为 HRB500 左旋无纵筋螺纹钢锚杆,直径为 22 mm,长度为 2 500 mm,间排距为 800 mm×800 mm,预紧扭矩为 260 N·m;锚索为 1×19 钢绞线,直径为 21.8 mm,顶锚索长度为 9 200 mm,帮锚索长度为 6 200 mm,张拉力为 160 kN,间排距为 1 200 mm×1 400 mm。

如图 5-22 所示,13-1 号煤顶底板以软弱泥岩和砂质泥岩为主,且多为互层结构,分别距煤层顶板和底板 37.1 m 和 27.1 m 处才出现完整细砂岩层。根据煤岩力学性质测试结果和采用水压致裂法在 13-1 号煤顶板中获得的地应力测量结果[23,216],垂直地应力 σ_{v0}、最大水平地应力 σ_{hmax} 和最小水平地应力 σ_{hmin} 分别为 25.12 MPa、21.84 MPa 和 11.42 MPa,与煤层单轴抗压强度比值分别为 2.49、2.17 和 1.13,与泥岩单轴抗压强度比值分别为 0.67、0.60 和 0.30。由 5.2 节分析可知,巷道煤帮变形与破坏主要与 σ_{v0} 有关,其值已达 2.49 倍煤层单轴抗压强度,这将导致巷道开挖后煤帮剧烈变形与破坏;巷道底板变形与破坏主要与 σ_{hmax} 有关,其值分别已达 2.17 倍煤层单轴抗压强度和 0.60 倍泥岩单轴抗压强度,巷道开挖后无支护底煤变形与破坏程度将超过有支护的煤帮,底板泥岩也会因底煤劣化而径向卸荷,进而发生破坏。

如图 5-23 所示,在上述地质条件和支护方案下,121302 工作面运输巷巷帮和底板发生

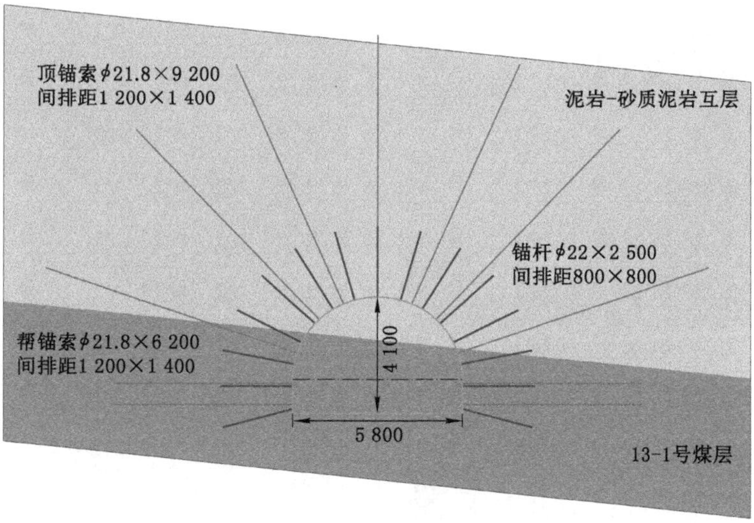

图 5-21　巷道原支护段断面与支护布置

岩性	厚度/m	顶底板累计厚度/m
细砂岩	8.2	45.3
砂质泥岩与泥岩互层	15.0	37.1
细砂岩与砂质泥岩互层	11.7	22.1
泥岩与砂质泥岩互层	10.4	10.4
13-1号煤层	4.9	4.9
泥岩	5.5	5.5
砂质泥岩与泥岩互层	21.6	27.1
细砂岩	5.1	32.2

图 5-22　13-1 号煤顶底板岩层[216]

大变形，呈现“前掘后修”“边采边修”的状态，掘进与回采期间累计起底 10 次，刷帮深度 3 m 以上，累计底鼓量超 6 m，两帮收缩量超 4 m。煤柱帮浆皮大范围破裂，大量肩窝锚杆和锚索破断，钢带撕裂、托板压翻等支护构件失效。

5.3.2　数值模型与模拟方案

为揭示采掘扰动对 121302 工作面运输巷围岩变形与破坏的影响规律，采用考虑深部巷道围岩应变软化、扩容和流变损伤等力学特性的 BVS 模型进行分析。根据 121302 工作面采掘布置平面图(图 5-20)选取合理数值模型范围：根据对称性，选取 121301 和 121302 工作面半长位置作为模型宽度(x 方向)边界，则 x＝121301 工作面半长＋煤柱宽度＋121302 运输巷宽度＋121302 工作面半长＝ 360.8 (m)；考虑现场监测数据范围，模型厚度(y 方向)取

(a) 煤柱帮浆皮大范围破裂　(b) 强烈底鼓

(c) 支护构件破坏　(d) 木柱加强顶板支护

图 5-23　原巷道支护结构失效及围岩大变形情况[216]

300 m。在图 5-22 的基础上增加复合顶板和底板，则模型高度（z 方向）为 180.3 m。为提高计算效率，对研究区域局部加密，采用 BVS 模型计算，其余区域网格较稀疏，采用 M-C 模型计算，如图 5-24 所示。

按实测地应力赋值模型初始应力（σ_{hmax}与巷道轴向夹角 41°～72°，取上限），考虑重力 $g=9.81\ \mathrm{m/s^2}$及其引起的应力梯度。模型底部限制法向位移，顶部采用法向面力代替上覆岩重，侧面采用与初始应力匹配的正应力＋剪应力边界条件。在模型初始平衡前，将 BVS 模型中受限牛顿体和凯尔文体应变张量初始化为与地应力相匹配的值，以考虑地层在地应力形成漫长地质时期内的蠕变量[203,222]。

根据煤岩样力学性质测试结果[216]，将强度参数折减约 50%[234]，受限牛顿体黏度初值、凯尔文体黏度、凯尔文体剪切模量、改进黏塑性体黏度初值和蠕变终止曲线斜率根据蠕变曲线一致性理论[165-166,203]按围岩与表 2-3 所示岩样弹性模量之比计算，描述各岩性黏聚力和扩容角变化规律的拟合参数由文献[61]给出，其余描述岩石固有性质的参数（如内摩擦角和拟合参数）保持不变，得到表 5-1 用于数值计算的参数，互层情况取两种岩性参数均值。

在模型内采用 Fish 语言控制分步掘进与回采，每次掘进 0.8 m 并采用 Cable 结构单元安装锚杆（索），利用刚性节点模拟托盘作用，采用 Pretension 关键字施加预应力；采煤工作面距研究区域＞100 m 时每次回采 8 m，距研究区域≤100 m 时每次回采 4 m，并采用低强度、低刚度弹塑性体（M-C 模型）回填采空区以模拟垮落矸石的支撑作用。根据现场采掘记录，121302 工作面运输巷平均掘进速度约 6.62 m/d，121301 和 121302 工作面平均回采速度约 3.81 m/d，在模型内每次掘进和回采后，除计算瞬时弹塑性平衡外，还进行相应时间流

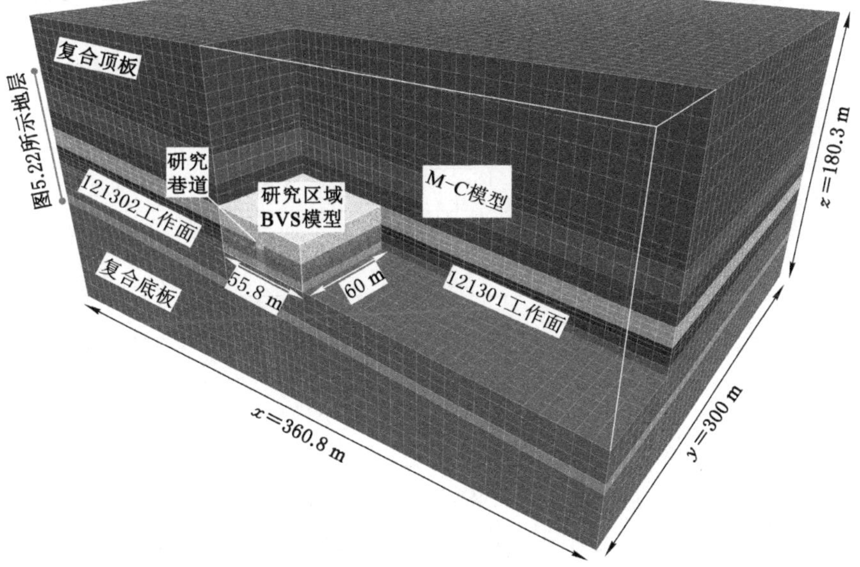

图 5-24 数值模型

变计算，以考虑采掘速度影响。模型主要开挖与计算步骤为：121301 工作面回采→进行与现场一致为期 1 a 的流变计算→掘进 121302 工作面运输巷→进行 121302 工作面回采前的流变计算→121302 工作面回采。根据数值稳定性规则[222]，计算时间步长 Δt 不可超过 η_0^N/G^H 或 η^K/G^K，由表 5-1 可知，η_0^N/G^H 和 η^K/G^K 最小值为 0.72 h，本次模拟取 $\Delta t=0.1$ h 以保证良好的数值稳定性。

表 5-1 数值模型参数

参数编号	参数符号	参数值				单位
		13-1 号煤	泥岩	砂质泥岩	细砂岩	
1	K	1.572	9.793	11.667	10.402	GPa
2	G^H	1.179	5.876	7.000	9.147	GPa
3	φ	23	27	29	34	(°)
4	c_0	1.668	5.776	6.936	12.100	MPa
5	σ_T	0.815	1.865	1.925	3.435	MPa
6	a_c	0.35	0.34	0.32	0.29	
7	a_ψ	0.130	0.125	0.120	0.100	
8	A_ψ	5.792	6.794	6.286	7.486	
9	B_ψ	13.270	15.308	16.744	28.351	
10	η_0^N	425.0	2 506.6	2 628.2	3 186.9	GPa・h
11	η^K	2.908	14.495	17.268	22.564	GPa・h
12	G^K	4.060	25.292	30.132	26.865	GPa
13	η_0^Y	834.0	4 918.5	5 157.3	6 253.5	GPa・h

表 5-1(续)

参数编号	参数符号	参数值				单位
		13-1 号煤	泥岩	砂质泥岩	细砂岩	
14	$c_{0\infty}$	1.168	4.043	4.855	8.470	MPa
15	a_η	0.01	0.01	0.01	0.01	
16	k_η	0.982	0.982	0.982	0.982	
17	k_γ	11.092	11.092	11.092	11.092	
18	γ_0^{Y}	4.271×10^{-5}	4.271×10^{-5}	4.271×10^{-5}	4.271×10^{-5}	
19	E_c	1.698	10.014	10.500	12.732	GPa

5.3.3 结果分析

5.3.3.1 邻近工作面影响

121301 工作面停采 1 a 后、121302 工作面运输巷掘进前，计划留设煤柱宽度内煤体和底板泥岩在工作面侧向支承压力作用下已发生显著劣化，如图 5-25 所示。定义围岩强度劣化比 k_c＝黏聚力 c/峰值黏聚力 c_0，则 $k_c<0.3$ 的煤体距巷道煤柱帮仅 5 m，更深处已进入 $k_c\approx0.1$ 的残余区，这与现场煤柱帮窥视孔深 6 m 后钻进困难、窥视过程中塌孔的现象[229]一致。

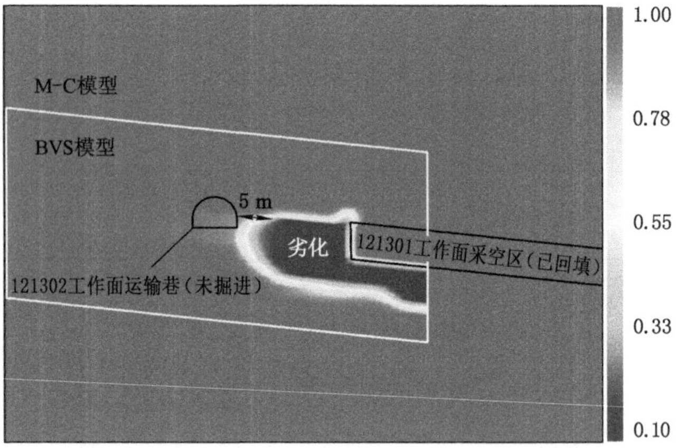

图 5-25 邻近工作面停采 1 a 后围岩强度劣化比（c/c_0）

5.3.3.2 掘进影响

如图 5-26 所示，超前掘进工作面 3.2 m 时，煤壁在侧向卸荷作用下已开始劣化，呈向掘进空间挤出趋势，位移最大仅 18 mm。巷道断面形成后、距掘进工作面 5.6 m 时，无论煤柱帮还是工作面帮煤体均显著劣化，且掘进引起的劣化区与邻近工作面引起的劣化区连接，巷道宽度内底板泥岩也开始发生劣化；底煤开始鼓起，底鼓量达 318 mm。巷道断面距掘进工作面 20.0 m 时，围岩劣化区继续扩展，表现为顶板浅层明显劣化、工作面帮煤体和底板泥岩劣化区加深；虽然顶板浅层劣化，但顶板为锚固岩体且为拱顶结构，变形量微小，顶板下沉量仅为 38 mm；巷帮锚固煤体明显变形，移近量（单侧）约为 300 mm；无支护底煤显著变形，底板泥岩也因底煤劣化卸荷而向上鼓起、超出原煤岩分界面，共同导致底鼓量达 559 mm。

根据数值计算结果，巷道断面距掘进工作面>20 m后，掘进应力调整导致的影响大幅减弱，流变逐渐成为主导因素。

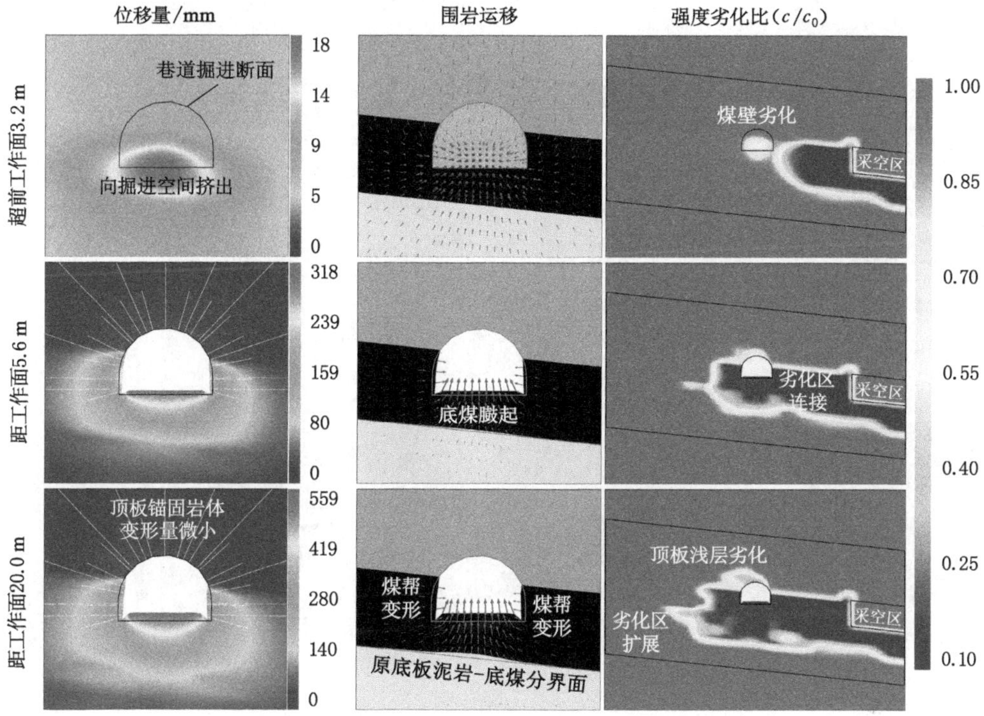

图 5-26 掘进期间巷道围岩位移与劣化

5.3.3.3 流变影响

如图 5-27 所示，巷道掘进后流变效应凸显、围岩大范围持续劣化，围岩变形呈顶板下沉量较小、肩窝三角煤扩容、巷帮锚固体整体内移和剧烈底鼓的特点，与现场观测结果(图 5-28)[23,216]一致。底煤持续扩容，底板泥岩持续鼓起驱动底煤挤入巷道空间，共同导致巷道剧烈底鼓。巷道断面形成 20 d、60 d 和 180 d 后底鼓量分别达 1 227 mm、1 770 mm 和 2 391 mm，0～20 d、20～60 d 和 60～180 d 底鼓增量分别为 1 103 mm(含掘巷影响)、543 mm 和 621 mm。

5.3.3.4 回采影响

如图 5-29 所示，工作面回采对巷道扰动强烈、超前支承压力导致围岩大范围劣化。巷道断面距工作面 49.6 m 时，回采扰动已较为显著；距工作面 13.6 m 时，顶板也发生明显变形，顶板下沉量达 239 mm；距工作面 1.6 m 时，回采巷道生命周期已近末尾，顶板下沉量、工作面帮移近量、煤柱帮移近量和底鼓量分别达 269 mm、1 298 mm、1 021 mm 和 3 177 mm，底板泥岩向巷道断面挤入，巷道断面接近闭合。现场通过多次起底与刷帮[216]，以保证巷道断面满足安全生产要求，不会出现巷道断面接近闭合的情况，但起底与刷帮对深部巷道围岩有二次扰动作用[247]，会进一步加剧其变形与破坏，本次数值模拟中未考虑这一过程，因此所得变形量计算结果小于现场累计值，但所得掘进、流变和回采的影响规律[229]一致。

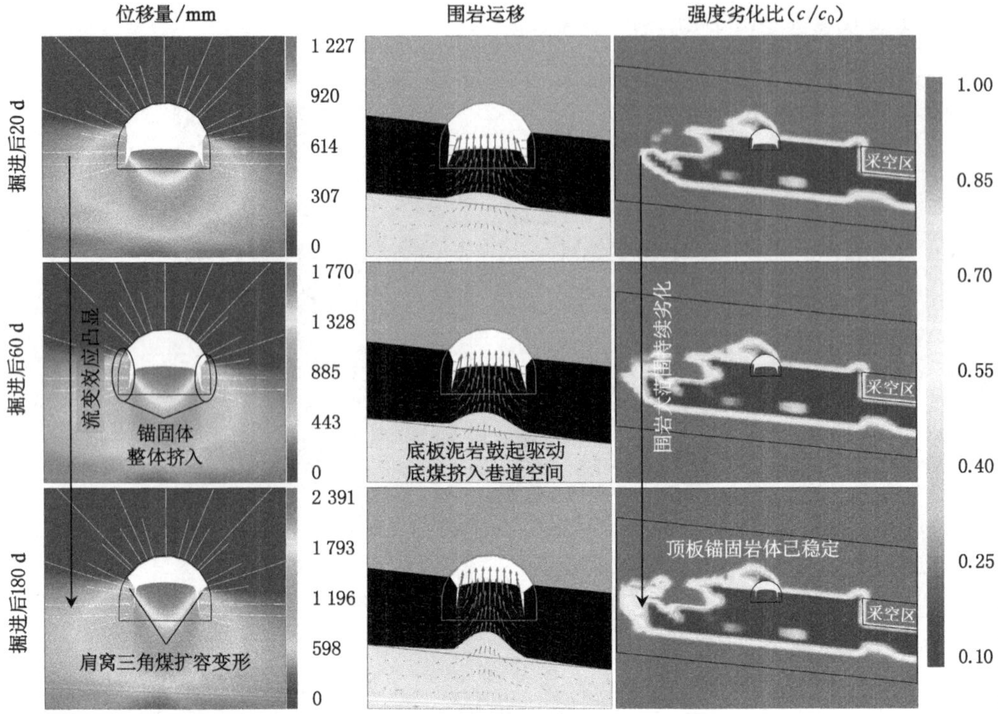

图 5-27　流变阶段巷道围岩位移与劣化

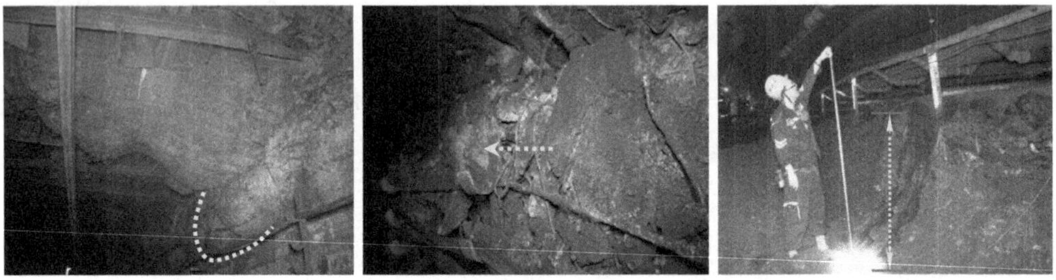

(a) 肩窝三角煤扩容　　(b) 巷帮整体内移　　(c) 剧烈底鼓

图 5-28　121302 工作面运输巷围岩变形特征[23]

5.3.3.5　测点处监测结果

因底板变形与破坏最为严重，于底板深度 1.5 m 处设置测点监测软化参量，结果如图 5-30 所示，其中流变直接导致的软化参量由改进黏塑性体产生，应力调整导致的软化参量由应变软化塑性体产生。底板 1.5 m 深处软化参量已远大于残余强度对应值，但由 2.4.1 和 2.4.2 小节中计算方式可知，软化参量与围岩瞬时塑性和黏塑性剪应变以及扩容呈正相关，反映了底板剧烈扩容变形的情况；流变直接导致的软化参量占比较小，全程仅为 0～16%，但流变是引起应力调整的主要因素之一，特别是在非掘进和回采影响阶段，间接导致软化参量总体增大。

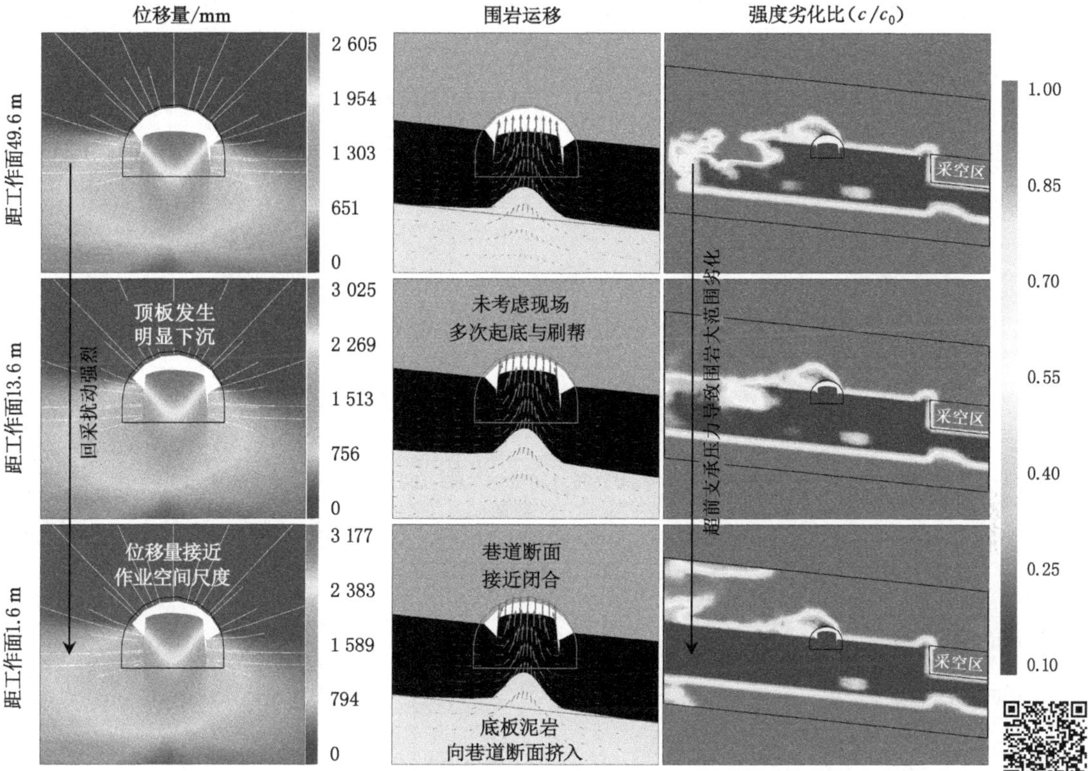

图 5-29　回采期间巷道围岩位移与劣化

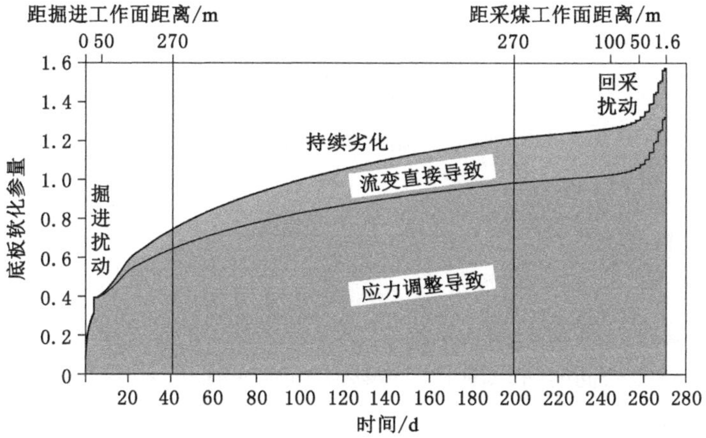

图 5-30　底板深度 1.5 m 处软化参量变化规律

于顶底板和两帮中部设置测点监测位移量，结果如图 5-31 所示。巷道变形量在掘进扰动期间快速增大，随后呈衰减—等速流变规律，200 d 后仍缓慢变形；回采扰动距工作面 100 m 时已较明显，距工作面 50 m 后更为显著；底鼓量＞巷帮移近量＞顶板下沉量。与图 5-32 所示的现场监测数据对比可知，数值模拟因未考虑起底与刷帮对围岩的二次扰动作用[247]，所得围岩表面位移量偏小，但变化规律与现场一致，从侧面反映了 BVS 模型对深部回采巷道较好的适用性。

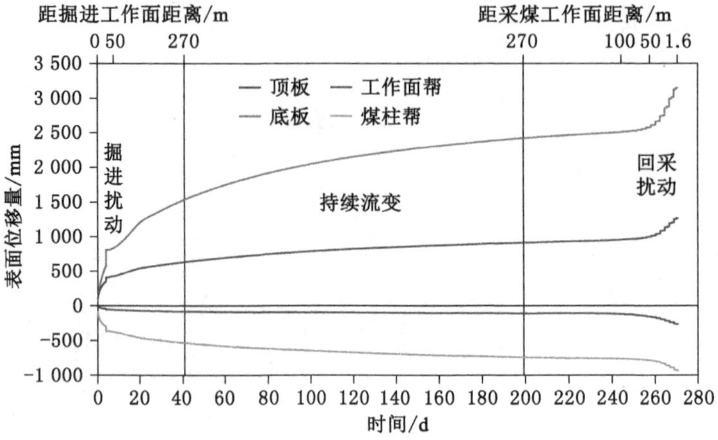

图 5-31　围岩表面位移量变化规律

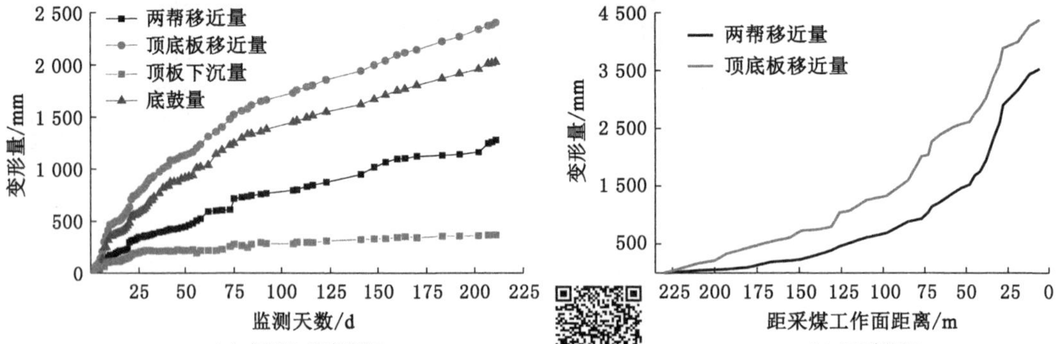

(a) 掘进与流变期间　　(b) 回采期间

图 5-32　121302 工作面运输巷现场监测数据[229]

5.4 本章小结

(1) 基于第 2 章建立的 BVS 模型，并考虑第 4 章引入的围岩劣化方向差异，对埋深的影响进行分析。发现必须同时考虑围岩客观存在的应变软化、扩容与流变损伤力学特性才能在瞬时弹塑性和流变阶段均得到与现场观测[241]一致的结果；埋深大于一定临界深度后围岩流变效应凸显，变形量、塑性区深度和劣化区范围均显著增大；随埋深增大，围岩依次呈现始终未劣化→开挖一段时间后劣化并趋于稳定→开挖后即劣化并趋于稳定→开挖后即持续劣化→劣化加快、程度加深的规律。

(2) 即使在静水压力条件下，轴向应力 σ_a 也可能对巷道围岩变形与破坏造成影响：切向应力作为 σ_1 随围岩峰后劣化而快速下降，与 σ_a 曲线相交，产生沿屈服面棱边的三向塑性流动。基于增量塑性流动理论，导出三向塑性流动情况下 σ_a 的影响：导致巷道围岩径向应变和塑性剪应变增大，即变形量增大、劣化加快。作为 σ_a 初值的轴向地应力 σ_{a0} 增大会放大这种影响。基于 BVS 模型对 25 种水平地应力比值组合进行分析，发现 σ_{a0} 接近或大于侧向地应力情况下将发生三向塑性流动，此时巷道变形量和塑性区深度显著增大，验证了理论分析的结果。

（3）基于 BVS 模型，同时考虑围岩应变软化、扩容与流变损伤力学特性，对巷道轴向与最大水平主应力方向夹角的影响进行分析。发现夹角增大导致巷道顶板下沉量和塑性区深度增大，而巷帮移近量和塑性区深度呈减小趋势（非单调）；夹角对顶底板的影响显著大于巷帮，但回采巷道煤帮强度常低于顶底板，选择兼顾煤帮的 15°～30°夹角最优。

（4）以中煤新集口孜东矿 121302 工作面运输巷原支护段为研究对象，基于 BVS 模型进行考虑采掘过程与时间的数值模拟，分析采掘扰动和时间对深部回采巷道围岩变形与破坏的影响。计算结果表明，巷道刚掘进后锚固煤帮和无支护底板即发生显著变形和劣化，而锚固岩体拱顶仅浅层劣化且变形量微小；巷道断面距掘进工作面 20 m 后掘进扰动已不明显，流变逐渐成为主导因素，围岩大范围持续劣化，呈顶板下沉量较小、肩窝三角煤扩容、巷帮锚固体整体内移和剧烈底鼓的特点；底煤持续扩容，底板泥岩持续鼓起驱动底煤挤入巷道空间，共同导致巷道剧烈底鼓；工作面回采对巷道扰动强烈，超前支承压力导致围岩大范围劣化，巷道断面接近闭合（未考虑现场多次起底与刷帮）；流变直接导致的底板软化参量全程占比仅 0～16%，但流变是引起应力调整的主要因素之一，特别是在非掘进和回采影响阶段，会间接导致软化参量总体增大。

（5）BVS 模型计算结果与 121302 工作面运输巷原支护段现场监测结果[229]较好吻合，特别是围岩变形量随采掘和时间的变化规律以及围岩变形与破坏特征，这反映了该模型对深部回采巷道较好的适用性。

6 结论与展望

6.1 主要结论

为揭示深部回采巷道围岩黏塑性大变形机理，依托“十三五”国家重点研发计划项目“煤矿千米深井围岩控制及智能开采技术”(2017YFC0603000)，以中煤新集口孜东矿13-1号煤层回采巷道为工程背景，采用理论分析、实验室试验、数值模拟和现场实测等手段，对深部回采巷道围岩力学特性、地应力和采掘扰动影响以及峰后围岩-支护关系进行研究，得到以下主要结论：

(1) 根据深部回采巷道围岩劣化、扩容和流变效应凸显的特点，指出适用于深部回采巷道分析的本构模型应能描述围岩的6个力学特性：应变软化、塑性扩容、蠕变三阶段、稳定与非稳定蠕变、流变损伤和流变扩容。建立可以描述以上力学特性的BVS本构模型，包含5个力学元件：胡克体、受限牛顿体、凯尔文体、改进黏塑性体和应变软化塑性体。基于增量塑性流动理论和流变理论，推导了BVS模型的三维增量本构方程，主要计算步骤为：假想黏弹性应力计算→黏塑性应力修正→瞬时塑性应力修正。采用C++将BVS模型开发为可供$FLAC^{3D}$调用的新本构模型并给出计算流程图。由BVS模型三维增量本构方程导出参数辨识公式，基于口孜东矿泥质砂岩试验数据辨识模型19个输入参数。采用试验数据、理论解和数值计算结果相互印证的方式，对多种加载条件下单元件和多元件应力-应变响应以及力学特性进行严格校核，结果表明该模型可较好地描述深部回采巷道围岩的6个力学特性。

(2) 基于BVS模型，分析应变软化、扩容与流变损伤对深部巷道围岩变形与破坏的影响、三者间相互作用及协同效应。结果表明：应变软化使巷道围岩表面位移量和塑性区显著增大；扩容使围岩表面位移量略微增大，对塑性区几乎无影响；流变损伤使围岩表面位移量和塑性区随时间延长而增大。应变软化和流变损伤均导致软化参量增大，进而加快彼此进程、降低彼此启动应力；扩容导致软化参量增大，进而加快应变软化与流变损伤进程；应变软化和流变损伤对扩容的作用是两面性的。因此同时考虑任意两种力学特性对围岩变形与破坏的影响要比分别考虑两种力学特性的影响之和更大，即任意两种力学特性存在协同效应，进而三种力学特性也存在协同效应。采用BVS模型对深部巷道进行数值模拟，验证了以上理论分析结果。

(3) 在同时考虑应变软化、扩容和流变损伤条件下，从多方面分析锚杆支护对深部巷道围岩大变形的控制作用，揭示其作用机理：提高巷道浅部围岩残余强度，加强其对深部围岩约束，抑制围岩应变软化、扩容与流变损伤，进而使巷道围岩塑性区及表面位移量显著减小。因此，在巷道开挖后应及时支护，减弱围岩劣化程度，充分发挥围岩自承能力。

(4) 制备边长为100 mm的立方体细砂岩试样进行考虑位移约束的真三轴试验，以模拟巷道围岩单元在轴向约束下的劣化过程，并对破裂试样进行CT扫描，发现试样峰后轴向强度高于面内强度，且面内破坏导致的裂纹均与轴向近似平行。结合岩样尺度数值模拟和现场钻孔窥视结果提出并验证围岩劣化方向差异机理：巷道围岩在轴向位移约束条件下，裂纹难以在巷道断面内错动和扩展，而易于在平行于轴向的平面簇内错动和扩展。这些近似平行于轴向的宏观裂纹对轴向强度影响很小，但会显著降低面内强度，导致围岩劣化具有方向差异。通过设定围岩面内和轴向黏聚力不相等、面内和轴向软化参量累计速率不同，导出面内和轴向不同形式的屈服函数和塑性势函数，实现围岩劣化方向差异。基于真三轴试验数据，确定面内屈服时轴向和面内软化参量增量之比。采用C++将围岩劣化方向差异作为可选模块引入BVS本构模型，以提高平面应变模型计算精度，并给出了其计算流程图。

(5) 采用引入围岩劣化方向差异的BVS本构模型对深部巷道进行数值模拟，发现考虑围岩劣化方向差异会使围岩劣化程度减弱，尤其是轴向黏聚力降幅显著减小，这导致峰后轴向屈服延迟发生，出现切向应力小于轴向应力的情况。忽略围岩劣化方向差异使围岩塑性区深度略微增大，导致表面位移量被高估，尤其是在瞬时弹塑性阶段。

(6) 基于引入围岩劣化方向差异的BVS模型分析埋深的影响。发现埋深大于一定临界值后围岩流变效应凸显，变形量、塑性区深度和劣化区范围均显著增大；随埋深增大，围岩依次呈现始终未劣化→开挖一段时间后劣化并趋于稳定→开挖后即劣化并趋于稳定→开挖后即持续劣化→劣化加快、程度加深的规律。轴向地应力接近或大于侧向地应力情况下，作为最大主应力的切向应力随围岩峰后劣化而快速下降，与轴向应力曲线相交，产生沿屈服面棱边的三向塑性流动。基于增量塑性流动理论导出三向塑性流动下轴向应力的影响：使巷道围岩径向应变和塑性剪应变增大，即变形量增大、劣化加快。同时考虑围岩应变软化、扩容与流变损伤力学特性条件下，对巷道轴向与最大水平主应力方向夹角的影响进行分析。发现夹角增大导致巷道顶板下沉量和塑性区深度增大，而巷帮移近量和塑性区深度呈减小趋势(非单调)，选择兼顾巷道煤帮的15°～30°夹角为最优。

(7) 以中煤新集口孜东矿121302工作面运输巷原支护段为研究对象，基于BVS模型分析采掘扰动和时间对深部回采巷道围岩变形与破坏的影响。计算结果表明，巷道断面距掘进工作面20 m后掘进扰动已不明显，流变逐渐成为主导因素，围岩大范围持续劣化，呈顶板下沉量较小、肩窝三角煤扩容、巷帮锚固体整体内移和剧烈底鼓的特点；底煤持续扩容，底板泥岩持续鼓起驱动底煤挤入巷道空间，共同导致巷道剧烈底鼓；工作面回采扰动强烈，导致围岩大范围劣化，巷道断面接近闭合；流变直接导致的底板软化参量全程占比仅0～16%，但流变是引起应力调整的主要因素之一，间接导致软化参量增大。BVS模型计算所得规律与现场监测结果较好吻合，反映了该模型对深部回采巷道较好的适用性。

(8) 深部回采巷道围岩黏塑性大变形机理为：深部高地应力环境下，采掘扰动诱发围岩偏应力升高，使其应变软化、扩容、流变损伤和劣化方向差异等力学特性凸显，这些力学特性存在协同效应，共同促使围岩大范围发生与应力调整有关的塑性流动和依赖于时间的黏性流动，呈现大变形特征。

6.2 创 新 点

(1) 建立可以描述深部回采巷道围岩应变软化、塑性扩容、蠕变三阶段、稳定与非稳定蠕变、流变损伤、流变扩容和劣化方向差异的 BVS 本构模型，导出其三维增量本构方程，并采用 C++开发成可供 $FLAC^{3D}$ 调用的数值形式。

（2）揭示应变软化、扩容与流变损伤对深部巷道围岩变形与破坏的影响以及三者间相互作用和协同效应。

（3）提出并验证围岩劣化方向差异，揭示其发生机理以及对深部巷道围岩变形与破坏的影响。

6.3 展　望

本书建立了可描述深部回采巷道围岩应变软化、扩容、流变损伤和劣化方向差异等力学特性的本构模型，揭示了以上力学特性对围岩变形与破坏计算结果的影响机理，在全面考虑以上力学特性的情况下揭示地应力、采掘扰动和时间对围岩变形与破坏的影响规律，研究成果对深部巷道围岩变形量预测和支护设计有一定借鉴价值。但受作者水平所限，对深部回采巷道变形机理的研究还存在很多有待完善之处：

（1）探明并合理描述整条巷道围岩内不连续面的分布和力学性质非常困难，块裂介质岩体力学理论难以应用，而围岩内大多不连续面尺度与工程尺度相比微小，因此本书基于可满足工程精度的连续介质力学理论进行分析。但这些不连续面客观存在，在探测技术充分发展并能精确描述其分布与力学性质后应评估其影响。

（2）煤矿生产地质条件远比本书研究条件复杂，除本书研究因素外，高地温、复杂地质构造、掘进破岩方式以及围岩风化等因素均会对巷道围岩变形与破坏造成影响，而这些因素和本书研究因素之间又存在一定关联，在巷道分析时如何同时正确考虑这些客观存在的因素还有待研究。

（3）煤岩体力学性质远比本书考虑的复杂，峰前塑性强化、硬岩峰后脆性跌落、非均质性、冲击性以及沉积岩层理导致的各向异性等均未得到考虑，而这些力学性质在特定地质条件下对计算结果影响显著。将来可在本书建立的本构模型基础上进行改进，以引入本书未考虑的部分煤岩体力学性质。

参考文献

[1] KANG H P. Support technologies for deep and complex roadways in underground coal mines:a review[J]. International journal of coal science & technology,2014,1(3):261-277.

[2] 康红普.我国煤矿巷道围岩控制技术发展 70 年及展望[J].岩石力学与工程学报,2021,40(1):1-30.

[3] WANG M Y,ZHANG N,LI J,et al. Computational method of large deformation and its application in deep mining tunnel [J]. Tunnelling and underground space technology,2015,50:47-53.

[4] KANG H,WU Y,GAO F,et al. Fracture characteristics in rock bolts in underground coal mine roadways[J]. International journal of rock mechanics and mining sciences,2013,62:105-112.

[5] 何满潮,郭志飚.恒阻大变形锚杆力学特性及其工程应用[J].岩石力学与工程学报,2014,33(7):1297-1308.

[6] 谢和平,高峰,鞠杨,等.深地煤炭资源流态化开采理论与技术构想[J].煤炭学报,2017,42(3):547-556.

[7] 谢和平,高峰,鞠杨.深部岩体力学研究与探索[J].岩石力学与工程学报,2015,34(11):2161-2178.

[8] 康红普,王金华,林健.高预应力强力支护系统及其在深部巷道中的应用[J].煤炭学报,2007,32(12):1233-1238.

[9] 康红普.我国煤矿巷道锚杆支护技术发展 60 年及展望[J].中国矿业大学学报,2016,45(6):1071-1081.

[10] LIN P,LIU H Y,ZHOU W Y. Experimental study on failure behaviour of deep tunnels under high in-situ stresses [J]. Tunnelling and underground space technology,2015,46:28-45.

[11] 康红普,王国法,姜鹏飞,等.煤矿千米深井围岩控制及智能开采技术构想[J].煤炭学报,2018,43(7):1789-1800.

[12] 谢和平,高峰,鞠杨,等.深部开采的定量界定与分析[J].煤炭学报,2015,40(1):1-10.

[13] 何满潮.深部软岩工程的研究进展与挑战[J].煤炭学报,2014,39(8):1409-1417.

[14] 黄炳香,张农,靖洪文,等.深井采动巷道围岩流变和结构失稳大变形理论[J].煤炭学报,2020,45(3):911-926.

[15] 赵志强,马念杰,郭晓菲,等.大变形回采巷道蝶叶型冒顶机理与控制[J].煤炭学报,2016,41(12):2932-2939.

[16] 翁明月.深部大断面回采巷道顶板锚固层稳定控制机理与技术研究[D].阜新:辽宁工程技术大学,2017.
[17] 陈登红.深部典型回采巷道围岩变形破坏特征及控制机理研究[D].淮南:安徽理工大学,2014.
[18] 卫进.深部回采巷道耦合支护机理及其应用研究[D].太原:太原理工大学,2012.
[19] 王希锁.深井复杂地层高应力硐室与巷道支护技术研究[D].北京:中国矿业大学(北京),2013.
[20] 温克珩.深井综放面沿空掘巷窄煤柱破坏规律及其控制机理研究[D].西安:西安科技大学,2009.
[21] 张海洋.云驾岭矿深部回采巷道围岩稳定性评价及支护技术研究[D].北京:中国矿业大学(北京),2017.
[22] 张斌川.基于能量平衡理论的深部软岩巷道支护技术研究[D].北京:中国矿业大学(北京),2015.
[23] 程利兴,康红普,姜鹏飞,等.深井沿空掘巷围岩变形破坏特征及控制技术研究[J].采矿与安全工程学报,2021,38(2):227-236.
[24] 康红普.深部煤矿应力分布特征及巷道围岩控制技术[J].煤炭科学技术,2013,41(9):12-17.
[25] 何满潮.深部的概念体系及工程评价指标[J].岩石力学与工程学报,2005,24(16):2854-2858.
[26] 何满潮,钱七虎,等.深部岩体力学基础[M].北京:科学出版社,2010.
[27] 张建民,李全生,张勇,等.煤炭深部开采界定及采动响应分析[J].煤炭学报,2019,44(5):1314-1325.
[28] 何满潮.煤矿软岩工程与深部灾害控制研究进展[J].煤炭科技,2012,33(3):1-5.
[29] 何满潮,谢和平,彭苏萍,等.深部开采岩体力学研究[J].岩石力学与工程学报,2005,24(16):2803-2813.
[30] 谢和平."深部岩体力学与开采理论"研究构想与预期成果展望[J].工程科学与技术,2017,49(2):1-16.
[31] 谢和平.深部岩体力学与开采理论研究进展[J].煤炭学报,2019,44(5):1283-1305.
[32] 侯朝炯.深部巷道围岩控制的关键技术研究[J].中国矿业大学学报,2017,46(5):970-978.
[33] 袁亮,薛俊华,刘泉声,等.煤矿深部岩巷围岩控制理论与支护技术[J].煤炭学报,2011,36(4):535-543.
[34] 唐建新,王艳磊,舒国钧,等.高应力"三软"煤层回采巷道围岩破坏机制及控制研究[J].采矿与安全工程学报,2018,35(3):449-456.
[35] 王汉鹏,李术才,李为腾,等.深部厚煤层回采巷道围岩破坏机制及支护优化[J].采矿与安全工程学报,2012,29(5):631-636.
[36] 于斌,刘长友,刘锦荣.大同矿区特厚煤层综放回采巷道强矿压显现机制及控制技术[J].岩石力学与工程学报,2014,33(9):1863-1872.
[37] 袁越,王卫军,袁超,等.深部矿井动压回采巷道围岩大变形破坏机理[J].煤炭学报,

2016,41(12):2940-2950.
[38] 马念杰,赵希栋,赵志强,等.深部采动巷道顶板稳定性分析与控制[J].煤炭学报,2015,40(10):2287-2295.
[39] YUAN Y,WANG W J,LI S Q,et al. Failure mechanism for surrounding rock of deep circular roadway in coal mine based on mining-induced plastic zone[J]. Advances in civil engineering,2018,2018(1):1835381.
[40] 冯友良.大断面煤巷开挖卸荷帮部破坏机制与控制技术研究[D].北京:中国矿业大学(北京),2017.
[41] 杨敬轩,刘长友,于斌,等.工作面端头三角区沿空巷道强矿压显现与应力转移分析[J].采矿与安全工程学报,2016,33(1):88-95.
[42] 辛亚军,穆利斌.高应力泥岩顶板巷道围岩失稳特征及控制分析[J].采矿与安全工程学报,2017,34(3):519-526.
[43] ZHANG W,HE Z M,ZHANG D S,et al. Surrounding rock deformation control of asymmetrical roadway in deep three-soft coal seam: a case study[J]. Journal of geophysics and engineering,2018,15(5):1917-1928.
[44] 陈登红,华心祝.多因素影响下深部回采巷道围岩变形规律与控制对策研究[J].采矿与安全工程学报,2017,34(4):760-768.
[45] 陈登红,华心祝,段亚伟,等.深部大变形回采巷道围岩拉压分区变形破坏的模拟研究[J].岩土力学,2016,37(9):2654-2662.
[46] 沈威.煤层巷道掘进围岩应力路径转换及其冲击机理研究[D].徐州:中国矿业大学,2018.
[47] 李国彪.干河煤矿大断面巷道围岩稳定性分析及控制技术研究[D].北京:中国矿业大学(北京),2013.
[48] 金淦,王连国,李兆霖,等.深部半煤岩回采巷道变形破坏机理及支护对策研究[J].采矿与安全工程学报,2015,32(6):963-967.
[49] ZHANG N,GAO M Z,JING L W. The effect of the roadway excavation disturbance by spacing between deep adjacent tunnels[C]//Proceedings of the 2015 International Conference on Applied Science and Engineering Innovation,Zhengzhou,2015.
[50] 贾后省,李国盛,王路瑶,等.采动巷道应力场环境特征与冒顶机理研究[J].采矿与安全工程学报,2017,34(4):707-714.
[51] 李家卓,张继兵,侯俊领,等.动压巷道多次扰动失稳机理及开采顺序优化研究[J].采矿与安全工程学报,2015,32(3):439-445.
[52] 王恩,谢生荣,陈冬冬,等.剧烈采动影响煤巷围岩偏应力分布规律与控制[J].采矿与安全工程学报,2021,38(2):276-285.
[53] ALEJANO L R,ALONSO E. Considerations of the dilatancy angle in rocks and rock masses[J]. International journal of rock mechanics and mining sciences,2005,42(4):481-507.
[54] CAI M, KAISER P K, TASAKA Y, et al. Determination of residual strength parameters of jointed rock masses using the GSI system[J]. International journal of

rock mechanics and mining sciences,2007,44(2):247-265.

[55] CAI M,KAISER P K,UNO H,et al. Estimation of rock mass deformation modulus and strength of jointed hard rock masses using the GSI system[J]. International journal of rock mechanics and mining sciences,2004,41(1):3-19.

[56] HOEK E,BROWN E T. Practical estimates of rock mass strength[J]. International journal of rock mechanics and mining sciences,1997,34(8):1165-1186.

[57] ZHAO X G,CAI M. A mobilized dilation angle model for rocks[J]. International journal of rock mechanics and mining sciences,2010,47(3):368-384.

[58] ZHAO X G,CAI M. Influence of plastic shear strain and confinement-dependent rock dilation on rock failure and displacement near an excavation boundary [J]. International journal of rock mechanics and mining sciences,2010,47(5):723-738.

[59] 荣浩宇,李桂臣,赵光明,等. 不同应力路径下深部岩石真三轴卸荷特性试验[J]. 煤炭学报,2020,45(9):3140-3149.

[60] PÉREZ-REY I,ALEJANO L R,ALONSO E,et al. An assessment of the post-peak strain behavior of laboratory intact rock specimens based on different dilation models [J]. Procedia engineering,2017,191:394-401.

[61] POURHOSSEINI O,SHABANIMASHCOOL M. Development of an elasto-plastic constitutive model for intact rocks[J]. International journal of rock mechanics and mining sciences,2014,66:1-12.

[62] ARZÚA J, ALEJANO L R. Dilation in granite during servo-controlled triaxial strength tests[J]. International journal of rock mechanics and mining sciences,2013,61:43-56.

[63] ARZÚA J,ALEJANO L R,WALTON G. Strength and dilation of jointed granite specimens in servo-controlled triaxial tests [J]. International journal of rock mechanics and mining sciences,2014,69:93-104.

[64] WANG B,ZHANG Z J,ZHU J B. The impact law of confining pressure and plastic parameter on dilatancy of rock[C]//Proceedings of the International Conference on Green Energy and Sustainable Development (GESD 2017),Chongqing,2017.

[65] 孟庆彬,钱唯,浦海,等. 损伤与破裂岩样力学特性试验研究[J]. 岩石力学与工程学报,2020,39(8):1534-1546.

[66] 陈岩. 采动影响下岩石的变形破坏行为及非线性模型研究[D]. 北京:中国矿业大学(北京),2018.

[67] 刘冬桥,王焯,张晓云. 岩石应变软化变形特性及损伤本构模型研究[J]. 岩土力学,2017,38(10):2901-2908.

[68] 徐超,付强,王凯,等. 载荷方式对深部采动煤体损伤-渗透时效特性影响实验研究[J]. 中国矿业大学学报,2018,47(1):197-205.

[69] 王军保,刘新荣,刘俊,等. 砂岩力学特性及其改进 Duncan-Chang 模型[J]. 岩石力学与工程学报,2016,35(12):2388-2397.

[70] 李浩. 围压作用下岩石塑性与流固耦合特性研究及其应用[D]. 徐州:中国矿业大

学,2018.

[71] 尹光志,鲁俊,李星,等.中间主应力对砂岩扩容及强度特性影响[J].煤炭学报,2017,42(4):879-885.

[72] 俞缙,刘泽瀚,林立华,等.变幅循环加卸载作用下大理岩扩容特性试验研究[J].岩土力学,2021,42(11):2934-2942.

[73] 孟庆彬,王杰,韩立军,等.极弱胶结岩石物理力学特性及本构模型研究[J].岩土力学,2020,41(增刊1):19-29.

[74] CAI W, DOU L M, JU Y, et al. A plastic strain-based damage model for heterogeneous coal using cohesion and dilation angle[J]. International journal of rock mechanics and mining sciences,2018,110:151-160.

[75] 孙闯,惠心敏楠,张强.泥岩峰后应变软化行为及围岩-支护结构相互作用研究[J].中国矿业大学学报,2016,45(2):254-260.

[76] 郭建强,黄武峰,刘新荣,等.基于可释放应变能的岩石扩容准则[J].煤炭学报,2019,44(7):2094-2102.

[77] 王佩新,曹平,王敏,等.围压作用下岩石峰后应力-应变关系模型[J].中南大学学报(自然科学版),2017,48(10):2753-2758.

[78] 金俊超,佘成学,尚朋阳.基于应变软化指标的岩石非线性蠕变模型[J].岩土力学,2019,40(6):2239-2246.

[79] 温韬.加卸荷条件下岩石破坏机理及应用[D].武汉:中国地质大学,2018.

[80] 经纬,薛维培,姚直书.巷道围岩塑性软化区岩石内摩擦角与黏聚力变化规律[J].煤炭学报,2018,43(8):2203-2210.

[81] 徐栋栋,邬爱清,李聪,等.破裂全过程模拟的改进非连续变形分析方法[J].岩土力学,2019,40(3):1169-1178.

[82] LEE Y K,PIETRUSZCZAK S. A new numerical procedure for elasto-plastic analysis of a circular opening excavated in a strain-softening rock mass[J]. Tunnelling and underground space technology,2008,23(5):588-599.

[83] PARK K H,TONTAVANICH B,LEE J G. A simple procedure for ground response curve of circular tunnel in elastic-strain softening rock masses[J]. Tunnelling and underground space technology,2008,23(2):151-159.

[84] ZOU J F,LI C,WANG F. A new procedure for ground response curve (GRC) in strain-softening surrounding rock[J]. Computers and geotechnics,2017,89:81-91.

[85] 王凤云,钱德玲.基于统一强度理论深埋圆形隧道围岩的剪胀分析[J].岩土力学,2019,40(5):1966-1976.

[86] 蒋武军,邹金锋.应变软化圆形隧道围岩的逐步量纲一化应力分析方法[J].中南大学学报(自然科学版),2016,47(8):2842-2847.

[87] WANG F Y,QIAN D L. Difference solution for a circular tunnel excavated in strain-softening rock mass considering decayed confinement [J]. Tunnelling and underground space technology,2018,82:66-81.

[88] CUI L,ZHENG J J,ZHANG R J,et al. Elasto-plastic analysis of a circular opening in

rock mass with confining stress-dependent strain-softening behaviour[J]. Tunnelling and underground space technology, 2015, 50: 94-108.

[89] PARK K H. Similarity solution for a spherical or circular opening in elastic-strain softening rock mass[J]. International journal of rock mechanics and mining sciences, 2014, 71: 151-159.

[90] WANG S L, ZHENG H, LI C G, et al. A finite element implementation of strain-softening rock mass[J]. International journal of rock mechanics and mining sciences, 2011, 48(1): 67-76.

[91] ZHANG Q, JIANG B S, WANG S L, et al. Elasto-plastic analysis of a circular opening in strain-softening rock mass[J]. International journal of rock mechanics and mining sciences, 2012, 50: 38-46.

[92] GUAN K, ZHU W C, WEI J, et al. A finite strain numerical procedure for a circular tunnel in strain-softening rock mass with large deformation[J]. International journal of rock mechanics and mining sciences, 2018, 112: 266-280.

[93] SONG L, LI H Z, CHAN C L, et al. Reliability analysis of underground excavation in elastic-strain-softening rock mass[J]. Tunnelling and underground space technology, 2016, 60: 66-79.

[94] 张俊文. 深部大规模松软围岩巷道破坏分区理论分析[J]. 中国矿业大学学报, 2017, 46(2): 292-299.

[95] 赵光明, 张小波, 王超, 等. 软弱破碎巷道围岩深浅承载结构力学分析及数值模拟[J]. 煤炭学报, 2016, 41(7): 1632-1642.

[96] 夏才初, 徐晨, 刘宇鹏, 等. 基于 GZZ 强度准则考虑应变软化特性的深埋隧道弹塑性解[J]. 岩石力学与工程学报, 2018, 37(11): 2468-2477.

[97] 骆开静, 董海龙, 高全臣. 考虑流变和中间主应力的巷道围岩变形分区[J]. 煤炭学报, 2017, 42(增刊 2): 331-337.

[98] 王凤云, 钱德玲. 基于切向应变软化的深埋圆形隧道围岩弹塑性分析[J]. 岩土力学, 2018, 39(9): 3313-3320.

[99] 张绪涛. 深部洞室分区破裂机理与数值模拟分析研究[D]. 济南: 山东大学, 2015.

[100] 王延宁. 深部巷道围岩应变软化机理与稳定性控制研究[D]. 徐州: 中国矿业大学, 2018.

[101] 孟庆彬, 韩立军, 乔卫国, 等. 应变软化与扩容特性极弱胶结围岩弹塑性分析[J]. 中国矿业大学学报, 2018, 47(4): 760-767.

[102] 经纬. 圆形巷道围岩变形分区的理论与试验研究[D]. 淮南: 安徽理工大学, 2017.

[103] 王凤云. 深埋隧道软弱围岩稳定性分析及其锚固控制研究[J]. 岩石力学与工程学报, 2020, 39(10): 2160.

[104] 王学滨, 白雪元, 马冰, 等. 巷道围岩非均质性对其分区破裂化的影响[J]. 中国矿业大学学报, 2019, 48(1): 78-86.

[105] WANG S L, YIN X T, TANG H, et al. A new approach for analyzing circular tunnel in strain-softening rock masses[J]. International journal of rock mechanics and

mining sciences,2010,47(1):170-178.

[106] 蒋欢,王水林,王万军.一种求解应变软化岩体中球腔问题的数值方法[J].岩土力学,2016,37(增刊2):697-705.

[107] 关少钰,白涌滔.基于双剪统一强度理论应变退化模型的隧道结构稳定性分析[J].工程力学,2018,35(增刊):205-211.

[108] 崔岚.深埋隧道应变软化围岩与支护相互作用分析[D].武汉:华中科技大学,2016.

[109] 王凤云,钱德玲.考虑中间主应力和软化的圆形隧道围岩弹塑性分析[J].煤炭学报,2018,43(12):3329-3337.

[110] 王学滨,田锋,马冰,等.内摩擦角对逐步开挖拱形巷道围岩分区破裂化的影响[J].煤炭学报,2019,44(7):2030-2038.

[111] 谢生荣,岳帅帅,陈冬冬,等.深部充填开采留巷围岩偏应力演化规律与控制[J].煤炭学报,2018,43(7):1837-1846.

[112] 王猛,宋子枫,郑冬杰,等.FLAC^{3D}中岩石能量耗散模型的开发与应用[J].煤炭学报,2021,46(8):2565-2573.

[113] 王伟,吕军,王海成,等.砂岩流变损伤模型研究及其工程应用[J].岩石力学与工程学报,2012,31(增2):3650-3658.

[114] 范庆忠,高延法,崔希海,等.软岩非线性蠕变模型研究[J].岩土工程学报,2007,29(4):505-509.

[115] 张耀平,曹平,赵延林.软岩黏弹塑性流变特性及非线性蠕变模型[J].中国矿业大学学报,2009,38(1):34-40.

[116] 赵延林,曹平,文有道,等.岩石弹黏塑性流变试验和非线性流变模型研究[J].岩石力学与工程学报,2008,27(3):477-486.

[117] 蔡婷婷,冯增朝,赵东,等.基于硬化-损伤机制的贫煤蠕变本构模型研究[J].岩土力学,2018,39(增刊1):61-68.

[118] 杨秀荣,姜谙男,江宗斌.含水状态下软岩蠕变试验及损伤模型研究[J].岩土力学,2018,39(增刊1):167-174.

[119] 冯晓伟,王伟,王如宾,等.考虑水化学损伤的砂岩流变损伤本构模型[J].岩土力学,2018,39(9):3340-3346.

[120] 刘新喜,童庆闯,侯勇,等.高应力泥质粉砂岩非线性蠕变损伤模型研究[J].中国公路学报,2018,31(2):280-288.

[121] 张强勇,向文,江力宇,等.片麻状花岗岩热黏弹塑性损伤蠕变模型及应用研究[J].土木工程学报,2017,50(8):88-97.

[122] 刘传孝,王龙,张晓雷,等.不同围压下深井煤岩短时蠕变试验的细观损伤机制分析[J].岩土力学,2017,38(9):2583-2588.

[123] 曹丽丽.煤系砂岩渗流—蠕变损伤破裂机理及其分数阶模型研究[D].徐州:中国矿业大学,2017.

[124] 赵延林,唐劲舟,付成成,等.岩石黏弹塑性应变分离的流变试验与蠕变损伤模型[J].岩石力学与工程学报,2016,35(7):1297-1308.

[125] 刘镇,周翠英,陆仪启,等.软岩水-力耦合的流变损伤多尺度力学试验系统的研制

[J]. 岩土力学,2018,39(8):3077-3086.
[126] 龚囡,赵坤,包涵,等. 红砂岩蠕变破坏声发射震源演化及其分形特征[J]. 岩土力学,2021,42(10):2683-2695.
[127] CHEN L, WANG C P, LIU J F, et al. A damage-mechanism-based creep model considering temperature effect in granite[J]. Mechanics research communications, 2014,56:76-82.
[128] PING C, WEN Y D, WANG Y X, et al. Study on nonlinear damage creep constitutive model for high-stress soft rock[J]. Environmental earth sciences,2016,75(10):900.
[129] WANG R, ZHUO Z, ZHOU H W, et al. A fractal derivative constitutive model for three stages in granite creep[J]. Results in physics,2017,7:2632-2638.
[130] TANG H, WANG D P, HUANG R Q, et al. A new rock creep model based on variable-order fractional derivatives and continuum damage mechanics[J]. Bulletin of engineering geology and the environment,2018,77(1):375-383.
[131] JIA S P, ZHANG L W, WU B S, et al. A coupled hydro-mechanical creep damage model for clayey rock and its application to nuclear waste repository[J]. Tunnelling and underground space technology,2018,74:230-246.
[132] YANG S Q, HU B, RANJITH P, et al. Multi-step loading creep behavior of red sandstone after thermal treatments and a creep damage model[J]. Energies,2018, 11(1):212.
[133] ZHAO Y L, ZHANG L Y, WANG W J, et al. Separation of elastoviscoplastic strains of rock and a nonlinear creep model[J]. International journal of geomechanics,2018, 18(1):04017129.
[134] 张树光,刘文博,张印,等. 基于最小能耗原理的花岗岩蠕变损伤分析[J]. 应用基础与工程科学学报,2019,27(1):205-215.
[135] 姜鹏,潘鹏志,赵善坤,等. 基于应变能的岩石黏弹塑性损伤耦合蠕变本构模型及应用[J]. 煤炭学报,2018,43(11):2967-2979.
[136] 蒲成志,曹平,张春阳,等. 考虑时效损伤劣化的变参数非线性蠕变损伤模型[J]. 工程力学,2017,34(6):17-27.
[137] 王其虎,叶义成,刘艳章,等. 考虑初始损伤和蠕变损伤的岩石蠕变全过程本构模型[J]. 岩土力学,2016,37(增刊1):57-62.
[138] 蔡煜,曹平. 基于 Burgers 模型考虑损伤的非定常岩石蠕变模型[J]. 岩土力学,2016,37(增刊2):369-374.
[139] 贾善坡,于洪丹,伍国军,等. 泥岩非线性蠕变损伤-渗透愈合耦合模型及其应用[J]. 应用基础与工程科学学报,2016,24(2):364-377.
[140] 赵延林,马文豪,唐劲舟,等. 基于塑性扩张的岩石变参数蠕变损伤模型与工程应用[J]. 煤炭学报,2016,41(12):2951-2959.
[141] 张亮亮,王晓健. 岩石黏弹塑性损伤蠕变模型研究[J]. 岩土工程学报,2020,42(6):1085-1092.
[142] 刘文博,张树光. 基于应力和时间双重影响下岩石蠕变模型研究[J]. 中南大学学报

(自然科学版),2020,51(8):2256-2265.

[143] 刘文博,张树光,陈雷,等.基于统计损伤原理的岩石加速蠕变模型研究[J].岩土工程学报,2020,42(9):1696-1704.

[144] 李德建,刘校麟,韩超.基于等效黏弹性的变阶分数阶岩石损伤蠕变模型[J].岩土力学,2020,41(12):3831-3839.

[145] 张树光,刘文博,陈雷,等.基于力学参数时效性的非定常蠕变模型[J].中国矿业大学学报,2019,48(5):993-1002.

[146] 刘文博,张树光,孙博一.蠕变参数劣化的时效性及变参数蠕变模型[J].工程科学与技术,2021,53(1):104-112.

[147] 杨以荣,谢红强,肖明砾,等.基于3维损伤流变理论下某调压井群围岩时效稳定性研究[J].工程科学与技术,2017,49(增刊2):157-164.

[148] 谢云鹏,陈秋南,贺泳超,等.深部高地应力环境下含白云母及石墨炭质板岩蠕变模型构建及其应用[J].中南大学学报(自然科学版),2021,52(2):568-578.

[149] 李树清.深部煤巷围岩控制内、外承载结构耦合稳定原理的研究[D].长沙:中南大学,2008.

[150] 宗义江.深部破裂围岩蠕变力学特性与本构模型研究[D].徐州:中国矿业大学,2013.

[151] 孙钧.岩石流变力学及其工程应用研究的若干进展[J].岩石力学与工程学报,2007,26(6):1081-1106.

[152] PENG S S. Time-dependent aspects of rock behavioras measured by a servocontrolled hydraulic testing machine [J]. International journal of rock mechanics and mining sciences & geomechanics abstracts,1973,10(3):235-246.

[153] BIENIAWSKI Z T. Time-dependent behaviour of fractured rock [J]. Rock mechanics,1970,2(3):123-137.

[154] 李树清,刘圣,袁越,等.砂岩峰后蠕变失稳特性试验研究[J].实验力学,2018,33(6):893-901.

[155] 刘圣,李树清,袁越.基于围压增量的损伤砂岩三轴蠕变试验[J].湖南科技大学学报(自然科学版),2017,32(3):47-53.

[156] 辛亚军,安定超,李梦远,等.不同加载速率红砂岩峰后蠕变特性试验研究[J].煤炭学报,2017,42(增刊1):60-67.

[157] 辛亚军,安定超,李梦远,等.高强度红砂岩峰后分级加载蠕变及强度特征[J].煤炭学报,2017,42(7):1714-1723.

[158] 刘传孝,黄东辰,张秀丽,等.深井泥岩峰前/峰后单轴蠕变特征实验研究[J].实验力学,2011,26(3):267-273.

[159] 于怀昌,董金玉,刘汉东,等.粉砂质泥岩峰前、峰后应力松弛特性试验研究[J].岩石力学与工程学报,2016,35(增1):2663-2672.

[160] 何峰,贾渊,郜英楼.破碎煤岩峰后渗流-蠕变实验[J].辽宁工程技术大学学报(自然科学版),2015,34(9):999-1003.

[161] 郭臣业,鲜学福,姜永东,等.破裂砂岩蠕变试验研究[J].岩石力学与工程学报,2010,29(5):990-995.

[162] FENG X T, ZHAO J, ZHANG X W, et al. A novel true triaxial apparatus for studying the time-dependent behaviour of hard rocks under high stress[J]. Rock mechanics and rock engineering, 2018, 51(9): 2653-2667.
[163] 金俊超. 岩石弹塑性变形破坏与蠕变过程的模拟方法研究[D]. 武汉: 武汉大学, 2021.
[164] 冯文林. 峰后破裂砂岩蠕变特性研究[D]. 焦作: 河南理工大学, 2017.
[165] 牛双建, 党元恒, 冯文林, 等. 损伤破裂砂岩单轴蠕变特性试验研究[J]. 岩土力学, 2016, 37(5): 1249-1258.
[166] 徐鹏. 深部复合岩层流变力学行为及其对 TBM 卡机灾害影响机理研究[D]. 徐州: 中国矿业大学, 2018.
[167] 王成, 汪良海, 张念超. 高应力软岩巷道围岩流变动态演化研究[J]. 采矿与安全工程学报, 2013, 30(1): 14-18.
[168] 彭瑞, 孟祥瑞, 赵光明, 等. 深井圆巷次生承载结构"时-空"一体化演化规律研究[J]. 采矿与安全工程学报, 2016, 33(5): 779-786.
[169] 陈静, 江权, 冯夏庭, 等. 基于位移增量的高地应力下硐室群围岩蠕变参数的智能反分析[J]. 煤炭学报, 2019, 44(5): 1446-1455.
[170] 周建, 杨新安. 考虑围岩峰后强度脆性跌落的洞室黏弹塑性解[J]. 煤炭学报, 2019, 44(增刊 2): 439-446.
[171] 高春艳. 朱集煤矿巷道围岩流变性状及本构模型研究[D]. 北京: 中国矿业大学(北京), 2016.
[172] 王猛, 郑冬杰, 王襄禹, 等. 深部巷道钻孔卸压围岩弱化变形特征与蠕变控制[J]. 采矿与安全工程学报, 2019, 36(3): 437-445.
[173] 张继华. 考虑渗流作用的深部巷道围岩流变特性及控制机理研究[D]. 徐州: 中国矿业大学, 2015.
[174] 赵同彬, 张玉宝, 谭云亮, 等. 考虑损伤效应深部锚固巷道蠕变破坏模拟分析[J]. 采矿与安全工程学报, 2014, 31(5): 709-715.
[175] 杨峰. 高应力软岩巷道变形破坏特征及让压支护机理研究[D]. 徐州: 中国矿业大学, 2009.
[176] 勾攀峰, 辛亚军. 深井巷道围岩锚固体流变控制力学解析[J]. 煤炭学报, 2013, 38(12): 2119-2125.
[177] 侯朝炯, 勾攀峰. 巷道锚杆支护围岩强度强化机理研究[J]. 岩石力学与工程学报, 2000, 19(3): 342-345.
[178] 柏建彪, 侯朝炯. 深部巷道围岩控制原理与应用研究[J]. 中国矿业大学学报, 2006, 35(2): 145-148.
[179] 侯朝炯, 王襄禹, 柏建彪, 等. 深部巷道围岩稳定性控制的基本理论与技术研究[J]. 中国矿业大学学报, 2021, 50(1): 1-12.
[180] 康红普. 深部煤巷锚杆支护技术的研究与实践[J]. 煤矿开采, 2008, 13(1): 1-5.
[181] 侯朝炯. 深部巷道围岩控制的有效途径[J]. 中国矿业大学学报, 2017, 46(3): 467-473.
[182] GUO Z B, ZHANG L, WANG H H, et al. Failure mechanism of bolts and

countermeasures in swelling soft rock support [J]. Tehnicki vjesnik-technical gazette,2018,25(5):1447-1456.

[183] ZHU X G. Research on the reinforcement mechanism of stretched rock bolt and analyzing of the impact parameters[J]. Advanced materials research,2013,690-693:2016-2021.

[184] 陈梁,茅献彪,陈彦龙.考虑围岩峰后破坏的全锚锚杆受力特性[J].煤炭学报,2018,43(4):923-930.

[185] 周建,经来旺,叶金胜,等.考虑空间和锚固效应的硐室围岩弹塑性分析[J].煤炭学报,2018,43(8):2173-2179.

[186] 潘继良,高召宁,任奋华.考虑应变软化和扩容的圆形巷道围岩强度准则效应[J].煤炭学报,2018,43(12):3293-3301.

[187] 李大伟,侯朝炯.巷道锚杆支护特性分析与应用[J].煤炭学报,2008,33(6):613-618.

[188] ZOU J F,QIAN Z H,DAN H C. Solution for strain-softening surrounding rock reinforced by grouted bolts [J]. Advances in mechanical engineering, 2017, 9(5):168781401769728.

[189] CUI L,ZHENG J J,DONG Y K,et al. Prediction of critical strains and critical support pressures for circular tunnel excavated in strain-softening rock mass[J]. Engineering geology,2017,224:43-61.

[190] CHEN L,MAO X B,LI M,et al. A new strain-softening constitutive model for circular opening considering plastic bearing behavior and its engineering application [J]. Mathematical problems in engineering,2018,2018(1):4521492.

[191] CHEN L,MAO X B,CHEN Y L,et al. A new unified solution for circular tunnel based on a four-stage constitutive model considering the intermediate principal stress[J]. Advances in civil engineering,2018,2018(1):7912062.

[192] GHORBANI A,HASANZADEHSHOOIILI H. A novel solution for ground reaction curve of tunnels in elastoplastic strain softening rock masses[J]. Journal of civil engineering and management,2017,23(6):773-786.

[193] 靖洪文,孟庆彬,朱俊福,等.深部巷道围岩松动圈稳定控制理论与技术进展[J].采矿与安全工程学报,2020,37(3):429-442.

[194] 左建平,孙运江,文金浩,等.深部巷道全空间协同控制技术及应用[J].清华大学学报(自然科学版),2021,61(8):853-862.

[195] 白启树.高应力软岩回采巷道预应力锚杆—锚索支护技术研究[D].武汉:武汉理工大学,2014.

[196] 孙闯,张向东,李永靖.高应力软岩巷道围岩与支护结构相互作用分析[J].岩土力学,2013,34(9):2601-2607.

[197] ZOU J F,XIA Z Q,DAN H C. Theoretical solutions for displacement and stress of a circular opening reinforced by grouted rock bolt[J]. Geomechanics and engineering,2016,11(3):439-455.

[198] CUI L,SHENG Q,ZHENG J J,et al. Regression model for predicting tunnel strain

in strain-softening rock mass for underground openings[J]. International journal of rock mechanics and mining sciences,2019,119:81-97.
[199] 王其洲,李宁,叶海旺,等.单自由面锚固体单向加载破坏特征和锚杆荷载规律研究[J].采矿与安全工程学报,2020,37(4):665-673.
[200] 李大伟,侯朝炯,柏建彪.大刚度高强度二次支护巷道控制机理与应用[J].岩土工程学报,2008,30(7):1072-1078.
[201] WANG Q,PAN R,JIANG B,et al. Study on failure mechanism of roadway with soft rock in deep coal mine and confined concrete support system[J]. Engineering failure analysis,2017,81:155-177.
[202] 王其洲,叶海旺,谢文兵,等.峰后锚固体力学特性及其再破坏特征试验研究[J].采矿与安全工程学报,2018,35(6):1115-1121.
[203] 蔡美峰.岩石力学与工程[M].2版.北京:科学出版社,2013.
[204] VERMEER P A. Non-associated plasticity for soils,concrete and rock[M]//Physics of dry granular media. Dordrecht:Springer Netherlands,1998:163-196.
[205] 陈子荫.围岩力学分析中的解析方法[M].北京:煤炭工业出版社,1994.
[206] LU A Z,XU G S,SUN F,et al. Elasto-plastic analysis of a circular tunnel including the effect of the axial in situ stress[J]. International journal of rock mechanics and mining sciences,2010,47(1):50-59.
[207] WANG S L,WU Z J,GUO MW,et al. Theoretical solutions of a circular tunnel with the influence of axial in situ stress in elastic-brittle-plastic rock[J]. Tunnelling and underground space technology,2012,30:155-168.
[208] 梁正召,龚斌,吴宪锴,等.主应力对洞室围岩失稳破坏行为的影响研究[J].岩石力学与工程学报,2015,34(增1):3176-3187.
[209] ZOU J F,LIU L,XIA M Y. Simple approach for solution of the quasi-plane-strain problem in a circular tunnel in a strain-softening rock mass considering the out-of-plane stress effect[J]. Underground space,2020,5(4):339-353.
[210] BIENIAWSKI Z T. Mechanism of brittle fracture of rock part Ⅲ:fracture in tension and under long-term loading[J]. International journal of rock mechanics and mining sciences & geomechanics abstracts,1967,4(4):425-430.
[211] WU J Y,LI J,FARIA R. An energy release rate-based plastic-damage model for concrete[J]. International journal of solids and structures,2006,43(3/4):583-612.
[212] YAZDANI S,SCHREYER H L. An anisotropic damage model with dilatation for concrete[J]. Mechanics of materials,1988,7(3):231-244.
[213] JAEGER J C. Shear failure of anistropic rocks[J]. Geological magazine,1960,97(1):65-72.
[214] RENANI H R,MARTIN C D,CAI M. An analytical model for strength of jointed rock masses[J]. Tunnelling and underground space technology,2019,94:103159.
[215] SHEN J Y,SHU Z,CAI M,et al. A shear strength model for anisotropic blocky rock masses with persistent joints[J]. International journal of rock mechanics and mining

sciences,2020,134:104430.

[216] 康红普,姜鹏飞,黄炳香,等.煤矿千米深井巷道围岩支护-改性-卸压协同控制技术[J].煤炭学报,2020,45(3):845-864.

[217] YI K,KANG H P,JU W J,et al. Synergistic effect of strain softening and dilatancy in deep tunnel analysis[J]. Tunnelling and underground space technology,2020,97:103280.

[218] 赵阳升.岩体力学发展的一些回顾与若干未解之百年问题[J].岩石力学与工程学报,2021,40(7):1297-1336.

[219] 杨圣奇,徐鹏.一种新的岩石非线性流变损伤模型研究[J].岩土工程学报,2014,36(10):1846-1854.

[220] 王萍.泥页岩井壁水化损伤的蠕变失稳力学研究[D].西安:西北工业大学,2015.

[221] HU B,YANG S Q,XU P. A nonlinear rheological damage model of hard rock[J]. Journal of Central South University,2018,25(7):1665-1677.

[222] ITASCAINC. FLAC3D:Fast lagrangian analysis of continua in 3 dimension. version 5.01[R].[S. l. :s. n.] ,2012.

[223] ZOU J F,HE Z. Numerical approach for strain-softening rock with axial stress[J]. Proceedings of the institution of civil engineers-geotechnical engineering,2016,169(3):276-290.

[224] PRICE A M. The effect of confining pressure on the post-yield deformation characteristics of rocks[D]. Newcastle:Newcastle University,1979.

[225] CAI M. Influence of intermediate principal stress on rock fracturing and strength near excavation boundaries: insight from numerical modeling[J]. International journal of rock mechanics and mining sciences,2008,45(5):763-772.

[226] 陈伟强.基于微细观力学的砂质泥岩蠕变破坏机理研究[D].徐州:中国矿业大学,2019.

[227] 夏才初,王晓东,许崇帮,等.用统一流变力学模型理论辨识流变模型的方法和实例[J].岩石力学与工程学报,2008,27(8):1594-1600.

[228] BUKOWSKA M. Post-peak failure modulus in problems of mining geo-mechanics[J]. Journal of mining science,2013,49(5):731-740.

[229] 姜鹏飞.千米深井巷道围岩支护—改性—卸压协同控制原理及技术[D].北京:煤炭科学研究总院,2020.

[230] 孙钧.岩土材料流变及其工程应用[M].北京:中国建筑工业出版社,1999.

[231] 沈明荣,谌洪菊,张清照.基于蠕变试验的结构面长期强度确定方法[J].岩石力学与工程学报,2012,31(1):1-7.

[232] 李晓,王思敬,李焯芬.破裂岩石的时效特性及长期强度[C]//中国岩石力学与工程学会第五次学术大会论文集,1998.

[233] 康红普,伊丙鼎,高富强,等.中国煤矿井下地应力数据库及地应力分布规律[J].煤炭学报,2019,44(1):23-33.

[234] 高富强.数值模拟在地下煤矿开采岩石力学问题中的应用[J].采矿与岩层控制工程

学报,2019,1(2):21-28.

[235] YI K, LIU Z H, LU Z G, et al. Transfer and dissipation of strain energy in surrounding rock of deep roadway considering strain softening and dilatancy[J]. Energy science and engineering,2021,9(1):27-39.

[236] WALTON G, DIEDERICHS M S, ALEJANO L R, et al. Verification of a laboratory-based dilation model for in situ conditions using continuum models[J]. Journal of rock mechanics and geotechnical engineering,2014,6(6):522-534.

[237] 刘冬桥,张树东,何鹏飞,等. 真三轴应力作用下立方体节理煤岩力学响应试验研究[J]. 中国矿业大学学报,2021,50(1):115-122.

[238] 马钰沛,李江腾,刘双飞. 考虑中间主应力的粉砂岩侧向卸荷力学特性试验研究[J]. 中南大学学报(自然科学版),2019,50(11):2792-2800.

[239] 蒋邦友,谭云亮,王连国,等. 基于 Mogi-Coulomb 准则的弹塑性损伤本构模型及其数值实现[J]. 中国矿业大学学报,2019,48(4):784-792.

[240] 张俊文,范文兵,宋治祥,等. 真三轴不同应力路径下深部砂岩力学特性[J]. 中国矿业大学学报,2021,50(1):106-114.

[241] 康红普,范明建,高富强,等. 超千米深井巷道围岩变形特征与支护技术[J]. 岩石力学与工程学报,2015,34(11):2227-2241.

[242] 宋朝阳,纪洪广,张月征,等. 主应力对弱胶结软岩马头门围岩稳定性影响[J]. 采矿与安全工程学报,2016,33(6):965-971.

[243] 孙玉福. 水平应力对巷道围岩稳定性的影响[J]. 煤炭学报,2010,35(6):891-895.

[244] 陶文斌,陈铁林,唐彬. 水平主应力对锚杆锚固区力学特征影响规律研究[J]. 哈尔滨工程大学学报,2019,40(6):1102-1108.

[245] 郑书兵. 寺河煤矿三维地应力场分布和巷道布置优化[J]. 煤炭学报,2010,35(5):717-722.

[246] 朱成,袁永,袁超峰,等. 深部大断面巷硐围岩稳定性评价与布置方式研究[J]. 采矿与安全工程学报,2020,37(1):11-22.

[247] 何满潮,晏玉书,王同良,等. 软岩的概念及其分类[C]//世纪之交软岩工程技术现状与展望. 北京,1999:47-57.